"创新设计思维"
数字媒体与艺术设计类
新形态丛书

# After Effects CC

## 影视后期合成基础教程

互联网＋数字艺术教育研究院 策划

朱金鑫 张庚申 付玲 主编 李小亚 王丽 詹千熠 副主编

移|动|学|习|版

U0216414

人民邮电出版社

北 京

**图书在版编目（CIP）数据**

After Effects CC影视后期合成基础教程：移动学习版 / 朱金鑫，张庚申，付玲主编. -- 北京：人民邮电出版社，2023.11
（"创新设计思维"数字媒体与艺术设计类新形态丛书）
ISBN 978-7-115-61704-0

Ⅰ. ①A… Ⅱ. ①朱… ②张… ③付… Ⅲ. ①图像处理软件－教材 Ⅳ. ①TP391.413

中国国家版本馆CIP数据核字(2023)第076693号

## 内 容 提 要

After Effects 是 Adobe 公司推出的一款视频处理软件，被广泛应用在电影、电视剧、影视广告、宣传片等领域。本书以 After Effects 2022 为蓝本，讲解 After Effects 在影视后期合成中的应用。全书共 10 章，内容包括影视后期合成与 After Effects 基础、图层操作、创建与编辑关键帧、应用文字与形状、应用蒙版与遮罩、应用视频效果、添加与编辑音频、三维合成、渲染与输出及综合案例。本书设计了"疑难解答""技能提升""提示"等小栏目，并且附有操作视频及效果展示等。

本书不仅可作为高等院校数字媒体艺术、数字媒体技术、视觉传达设计等专业相关课程的教材，还可供 After Effects 初学者自学，或作为相关行业工作人员的参考书。

♦ 主　　编　朱金鑫　张庚申　付　玲
　　副主编　李小亚　王　丽　詹千熠
　　责任编辑　李媛媛
　　责任印制　王　郁　陈　犇
♦ 人民邮电出版社出版发行　　　北京市丰台区成寿寺路 11 号
　　邮编　100164　　电子邮件　315@ptpress.com.cn
　　网址　https://www.ptpress.com.cn
　　北京市鑫霸印务有限公司印刷
♦ 开本：787×1092　1/16
　　印张：13.75　　　　　　　　　2023 年 11 月第 1 版
　　字数：366 千字　　　　　　　　2024 年 12 月北京第 3 次印刷

定价：59.80 元

读者服务热线：(010)81055256　印装质量热线：(010)81055316
反盗版热线：(010)81055315
广告经营许可证：京东市监广登字 20170147 号

# 前言 PREFACE

随着数字媒体技术的不断发展，市场上对影视后期合成人才的需求越来越大，因此，很多院校都开设了与影视后期合成相关的课程，但目前市场上很多教材的教学结构已不能满足当前的教学需求。鉴于此，我们认真总结了教材编写经验，用2～3年的时间深入调研各类院校对教材的需求，组织了一批具有丰富教学经验和实践经验的优秀作者编写了本书，以帮助各类院校快速培养优秀的影视后期技能型人才。

## 本书特色

本书以课堂案例带动知识点的方式，全面讲解了After Effects影视后期合成的相关操作。本书的特色可以归纳为以下5点。

- 精选After Effects基础知识，轻松迈入After Effects影视后期合成门槛。本书先介绍影视后期合成的基础知识，再介绍After Effects的基础知识和基本操作，让读者对使用After Effects进行影视后期合成有一个基本的了解。
- 课堂案例+软件功能介绍，快速掌握After Effects进阶操作。基础知识讲解完成后，以课堂案例的形式引入知识点。课堂案例充分考虑了案例的商业性和知识点的实用性，注重培养读者的学习兴趣，提升读者对知识点的理解与应用能力。课堂案例讲解完成后，对After Effects的重要知识点进行讲解，包括工具、命令的使用方法，从而让读者进一步掌握After Effects的相关操作。
- 课堂实训+课后练习，巩固并强化After Effects操作技能。主要知识讲解完成后，通过课堂实训板块和课后练习进一步巩固并提升读者影视后期合成的能力。其中，课堂实训提供了完整的实训背景、实训思路，以帮助读者梳理和分析实训操作，再通过步骤提示给出关键步骤，让读者进行同步训练；课后练习则进一步训练读者的独立完成能力。
- 设计思维+技能提升+素养培养，培养高素质专业型人才。在设计思维方面，本书不管是课堂案例，还是课堂实训，都融入了设计要求和思路，还通过"设计素养"小栏目体现设计标准、设计理念和设计思维。另外，本书还通过"技能提升"小栏目，帮助读者拓展设计思维，提升设计能力。本书案例精心设计，涉及传统文化、创新思维、艺术创作、文化自信、工匠精神等，引发读者思考和共鸣，多方面培养读者的能力与素养。
- 真实商业案例设计，提升读者综合应用能力与专业技能。本书最后一章通过特效制作、节目包装、广告设计、宣传片制作等具有代表性的商业案例，提升读者综合运用After Effects知识的能力。

**教学建议**

本书的参考学时为60学时，其中讲授环节为34学时，实训环节为26学时。各章的参考学时参见下表。

| 章序 | 课程内容 | 学时分配 | |
|---|---|---|---|
| | | 讲授 | 实训 |
| 第 1 章 | 影视后期合成与 After Effects 基础 | 2 | 2 |
| 第 2 章 | 图层操作 | 3 | 2 |
| 第 3 章 | 创建与编辑关键帧 | 4 | 3 |
| 第 4 章 | 应用文字与形状 | 4 | 2 |
| 第 5 章 | 应用蒙版与遮罩 | 5 | 3 |
| 第 6 章 | 应用视频效果 | 6 | 3 |
| 第 7 章 | 添加与编辑音频 | 2 | 2 |
| 第 8 章 | 三维合成 | 5 | 3 |
| 第 9 章 | 渲染与输出 | 2 | 1 |
| 第 10 章 | 综合案例 | 1 | 5 |
| 学时总计 | | 34 | 26 |

 **配套资源**

本书提供立体化教学资源，教师可登录人邮教育社区（www.ryjiaoyu.com），在本书页面中进行下载。

本书的配套资源主要包括以下6类。

视频资源　　素材与效果文件　　拓展案例　　模拟试题库　　PPT 和教案　　拓展资源

"人邮云课"
公众号

视频资源　在讲解与After Effects相关的操作及展示案例效果时均配套了相应的视频，读者可扫描相应的二维码进行在线学习，也可以扫描左图二维码关注"人邮云课"公众号，输入验证码"61704"，将本书视频"加入"手机上的移动学习平台，利用碎片时间轻松学。

素材与效果文件　提供书中案例涉及的素材与效果文件。

拓展案例　提供拓展案例（本书最后一页）涉及的素材与效果文件，便于读者进行练习和自我提升。

模拟试题库　提供丰富的与After Effects相关的试题，读者可自由组合生成不同的试卷进行测试。

PPT和教案　提供PPT和教案，辅助教师开展教学工作。

拓展资源　提供图片素材、设计笔刷等资源。

编者

2023年2月

# 目录 CONTENTS

# 第 7 章　添加与编辑音频

# 第 8 章　三维合成

# 第9章 渲染与输出

# 第10章 综合案例

# 第 1 章

# 影视后期合成与 After Effects基础

　　影视后期合成是指对视频、图像或动画进行后期处理，如添加文字、制作特效、添加声音等，使其形成完整的影片。用户在进行影视后期合成前，需要先了解一些影视后期合成的基础知识，熟悉After Effects的工作界面，并掌握其基本操作，为之后的学习打下坚实的基础。

## 📖 学习目标

◎ 了解影视后期合成的基础知识

◎ 熟悉After Effects 2022的工作界面

◎ 掌握After Effects 的基本操作方法

## ◇ 素养目标

◎ 加强对影视后期合成基础知识的理解

◎ 激发对影视后期合成的兴趣

## ◈ 案例展示

秋游Vlog片头

美食短视频开头

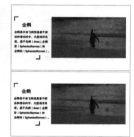
动物介绍模板视频

# 1.1

# 影视后期合成基础知识

在影视后期合成中，常常会涉及分辨率、像素长宽比与屏幕长宽比等专业术语，了解这些专业术语的相关知识，可以为后续的实践操作奠定一定的理论基础。

## 1.1.1 分辨率

分辨率是指视频图像在单位长度内包含的像素点数量。其计算方法：横向的像素数量×纵向的像素数量。如1280像素（宽）×720像素（高）的分辨率就表示画面中共有720条水平线，且每一条水平线上都包含1280个像素点。目前，常见的分辨率有640像素×480像素、1280像素×720像素、1920像素×1080像素、2560像素×1440像素、4096像素×2160像素等。

常见的720p、1080i等描述是一种将视频分辨率按照约定的方法进行缩略的命名规则，其中i（Interlaced Scanning）代表隔行扫描，p（Progressive Scanning）代表逐行扫描，前面的数字则代表水平线的数量。在相同分辨率的情况下，逐行扫描的画质要高于隔行扫描。随着分辨率越来越大，可使用K进行表示，1K代表1024个像素数量，因此4096像素×2160像素可被称为4K。

## 1.1.2 像素宽高比与屏幕宽高比

在进行影视后期合成时，需要分清楚像素宽高比和屏幕宽高比这两个参数对视频画面的影响。

● 像素宽高比：指画面中一个像素的宽度与高度之比，如方形像素的像素宽高比为1∶1。像素在计算机和电视中的显示并不相同，通常在计算机中显示为正方形像素，如图1-1所示，而在电视中显示为长方形像素，如图1-2所示。因此，为了避免画面出现变形的情况，在制作时需要根据具体输入终端设置像素宽高比。

图1-1 正方形像素

图1-2 长方形像素

● 屏幕宽高比：指画面的宽度和高度之比。目前，常见的屏幕宽高比有4∶3、16∶9和1∶1等，而在电影中常采用2.35∶1、2.39∶1、21∶9等超大变形宽银幕的宽高比。

## 1.1.3　帧和帧速率

帧相当于电影胶片上的每一格镜头，一帧就是一幅静止的画面，是视频中最小单位的单幅影像画面，不断播放连续的多帧就能形成动态效果。

帧速率指每秒传输的帧数，即动画或视频的画面数，以帧/秒为单位，如24帧/秒代表一秒播放24幅画面，视频中常见的帧速率主要有23.976帧/秒、24帧/秒、25帧/秒、29.97帧/秒和30帧/秒等。一般来说，帧速率越大，视频画面越流畅、连贯、真实，但同时相应的视频文件体积也会加大。

## 1.1.4　电视制式

视频最早通过电视机播放，而为了完成电视信号的发送和接收，视频需要采用电视制式这种特定的方式。电视制式是电视图像的显示格式及这些格式所采用的技术标准。世界上主要使用的电视制式有NTSC制式、PAL制式、SECAM制式。不同的制式有不同的帧速率、分辨率、信号带宽、副载波（一种电子通信信号载波），以及不同的色彩空间转换关系等。

### 1. NTSC制式

美国国家电视标准委员会（National Television Standards Committee，NTSC）制式是1953年美国研制成功的一种兼容的彩色电视制式，又称为正交调制式。它规定视频每秒播放30帧，每帧525行，分辨率为720像素×480像素。视频采用隔行扫描，场频为60Hz，行频为15.634kHz，宽高比为4∶3。NTSC制式的特点是用R−Y和B−Y两个色差信号分别对频率相同而相位相差90°的两个副载波进行正交平衡调幅，再将已调制的色差信号叠加，穿插到亮度信号的高频端。

### 2. PAL制式

联邦德国逐行倒相（Phase Alteration Line，PAL）制式是德国于1962年制定的一种电视制式。它规定视频每秒播放25帧，每帧625行，分辨率为720像素×576像素。视频采用隔行扫描，场频为50Hz，行频为15.625kHz，宽高比为4∶3。PAL制式的特点是同时传送两个色差信号：R−Y与B−Y。不过R−Y是逐行倒相的，它和B−Y信号对副载波进行正交调制。采用逐行倒相的方法，若在传送过程中发生相位变化，则因相邻两行相位相反，可以起到相互补偿的作用，从而避免由相位失真引起的色调改变。

### 3. SECAM制式

法国按顺序传送彩色与存储（Sequential color and Memory，SECAM）制式是法国于1965年提出的一种电视制式，又称塞康制。它规定的指标基本与PAL制式相同，不同点主要在于色度信号的处理上。SECAM制式的特点是两个色差信号是逐行依次传送的，因此在同一时刻，传输通道内只存在一个信号，不会出现串色现象。在SECAM制式中，两个色差信号分别对两个频率不同的副载波进行调制，再把两个已调制的副载波逐行轮流插入亮度信号高频端，从而形成彩色图像视频信号。

## 1.1.5　常用的文件格式

进行影视后期合成时，可能会使用到各种不同格式的文件，因此有必要了解一些常用的图像、视频、音频文件格式，便于更好地操作。

### 1. 常用的图像文件格式

● JPEG：最常用的图像文件格式之一，文件的扩展名为.jpg或.jpeg。该格式属于有损压缩格式，能够将图像压缩在很小的存储空间中，但在一定程度上会损失部分图像质量。

- TIFF：一种灵活的位图（指由单个像素点组成的图）格式，文件的扩展名为.tif。该格式对图像信息的存放灵活多变，支持多种色彩系统。
- PNG：一种采用无损压缩算法的位图格式，文件的扩展名为.png。该格式显著的优点包括体积小、无损压缩、支持透明效果等。
- PSD：Adobe公司的图像处理软件Photoshop的专用格式，文件的扩展名为.psd。该格式的文件可以保留图层、通道等多种信息，便于其他软件使用文件中的各种内容。
- AI：Adobe公司的矢量制图软件Illustrator生成的格式，文件的扩展名为.ai。与PSD格式文件相同，AI格式文件中的每个对象都是独立的。
- GIF：一种无损压缩的文件格式，文件的扩展名为.gif。该格式支持无损压缩，可以缩短图像文件在网络上传输的时间，还可以保存动态效果。

2. 常用的视频文件格式

- MP4：一种标准的数字多媒体容器格式，文件的扩展名为.mp4。该格式用于存储数字音频及数字视频，也可以存储字幕和静态图像。
- AVI：一种音频和视频交错的视频文件格式，文件的扩展名为.avi。该格式将音频和视频数据包含在一个文件容器中，允许音/视频同步播放，常用来保存电视、电影等各种影像信息。
- WMV：Microsoft公司开发的一系列视频编/解码和相关的视频编码格式的统称，文件的扩展名为.wmv。该格式是一种视频压缩格式，可以将视频文件的大小压缩至原来的二分之一。
- MOV：Apple公司开发的QuickTime播放器使用的视频格式，文件的扩展名为.mov。该格式支持25位彩色和领先的集成压缩技术，画面效果比AVI格式的好一些。

3. 常用的音频文件格式

- MP3：一种有损压缩的音频文件格式，虽然会大幅度降低音频数据量，但仍然可以满足绝大多数的应用场景需求，而且文件较小，文件的扩展名为.mp3。
- WAV：一种非压缩的音频文件格式，文件的扩展名为.wav。该格式能记录各种单声道或立体声的声音信息，且保证声音不失真，但文件较大。

# 1.2

# After Effects基础知识

After Effects（简称AE）是Adobe公司推出的一款影视后期合成软件，可以高效地创建动态的图形和视觉效果，在使用该软件之前，需要先对其有一定的了解。

## 1.2.1 了解 After Effects 的应用领域

使用AE可以轻松实现视频、图像、图形、音频素材的编辑合成及特效处理等，因此AE被广泛应用于特效制作、节目包装、广告设计、MG动画制作等多个领域。

1. 特效制作

在影视后期合成中，由软件制作出的特殊效果，被称为特效，通过在视频中添加特效可以制作出在现实生活中不易捕捉到的画面，如光效、烟雾、雷电等，如图1-3所示。

图1-3　特效制作

2. 节目包装

节目包装是对电视节目、栏目等进行一种外在形式要素的规范和强化，这些外在的形式要素包括图像、声音、颜色等，如各类节目中出现的动态文字、表情、声效及动态Logo等。AE可以通过蒙版、遮罩、三维合成等多种功能创建出引人注目的节目包装效果，如图1-4所示。

图1-4　节目包装

3. 广告设计

广告是指向公众直接或者间接地介绍商品、服务或概念等的一种宣传方式。AE可以用于制作互联网中的各种广告，如图1-5所示，并且制作出的广告可以被导出为多种格式，不仅有利于在网络中进行传输，还能满足不同平台的要求。

图1-5　广告设计

4. MG动画制作

动画的画面是指以逐帧拍摄方式组成的连续画面，AE可以通过编辑图形的各种属性，添加关键帧和使用路径功能制作出美观的MG动画。动态图形（Motion Graphics，MG）动画也称图形动画，该动画融合了平面设计、动画设计和电影语言，表现形式丰富多样，具有极强的包容性，如图1-6所示。

图1-6　MG动画制作

## 1.2.2　认识 After Effects 2022 的工作界面

启动After Effects 2022后，会自动出现欢迎界面，在其中单击 新建项目 按钮，将进入默认的工作界面，该工作界面主要由标题栏、菜单栏、工具箱、多个功能面板（包括"项目"面板、"合成"面板、"时间轴"面板等）组成，如图1-7所示。

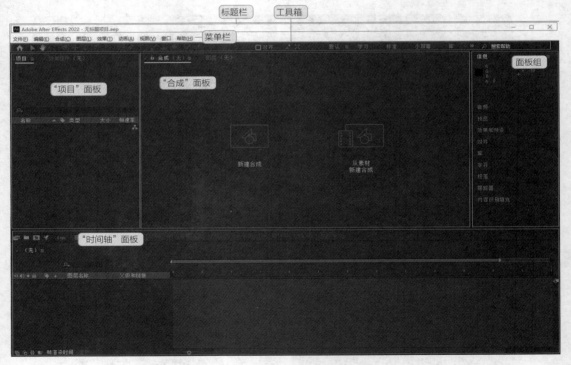

图1-7　After Effects 2022 的工作界面

### 1.　标题栏

标题栏位于工作界面的最上方，左侧主要显示AE的版本情况和当前文件的名称（若名称右上角有"\*"号，表示该文件最新一次的修改尚未被保存）等信息，右侧的控制按钮组 – □ × 用于最小化、最大化/向下还原和关闭工作界面等操作。

### 2. 菜单栏

菜单栏位于标题栏下方，其中包含AE所有的菜单命令，共有9个菜单，选择对应的菜单项，在弹出的下拉列表中选择所需的命令，即可实现相应的操作。

### 3. 工具箱

工具箱位于菜单栏下方，左侧包含在影视后期合成时常用的多个工具。单击某个工具对应的按钮，当其呈蓝色显示时，说明该工具处于激活状态，可使用该工具进行操作，在工具箱中间区域会显示与其相关的参数设置。工具箱右侧提供了默认、学习、标准、小屏幕和库5种不同模式的工作界面设置按钮，用户可根据需求选择；也可选择【窗口】/【工作区】命令，在弹出的子菜单中选择相应的命令设置。

工具按钮右下角若有■符号，则表示该工具位于一个工具组中，在该工具按钮上按住鼠标左键或单击鼠标右键，可显示隐藏的工具，图1-8所示为工具箱中的隐藏工具。

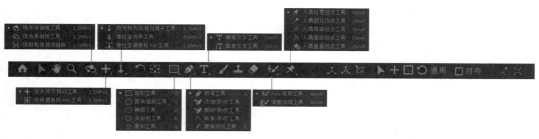

图1-8　工具箱中的隐藏工具

### 4. "项目"面板

所有导入AE中的素材及新建的合成、文件夹等都将显示在"项目"面板中，单击某个素材时，面板的上方区域会显示对应的缩览图和属性等，如图1-9所示。该面板中的部分选项介绍如下。

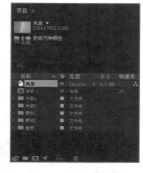

图1-9　"项目"面板

- 搜索框：当"项目"面板中的文件过多时，可在搜索框中输入需要查找的文件名进行查找。单击左侧的 按钮，可在打开的下拉列表中选择相应的选项来查找已使用、未使用、缺失字体、缺失效果或缺失素材的文件。
- "解释素材"按钮 ：选择素材后，单击该按钮可打开"解释素材"对话框，在其中可设置素材的Alpha、帧速率等属性。
- "新建文件夹"按钮 ：单击该按钮，可新建一个空白文件夹，用于管理素材。
- "新建合成"按钮 ：单击该按钮，可打开"合成设置"对话框，设置相应参数后单击 确定 按钮可新建一个合成。
- 按钮：单击该按钮，可打开"项目设置"对话框，在其中可设置视频渲染和效果、时间显示样式、颜色、音频、表达式等选项卡中包含的属性。
- 8 bpc 按钮：单击该按钮，同样可打开"项目设置"对话框，并自动进入"颜色"选项卡，在其中可设置深度、工作空间等属性。
- "删除所选项目项"按钮 ：选择文件后，单击该按钮可删除所选文件。

### 5. "合成"面板

"合成"面板主要用于预览当前合成的画面，可通过该面板下方的按钮设置显示的画面效果。

- "放大率"下拉列表框 50% ：用于设置文件当前在"合成"面板中进行预览的放大率。
- "分辨率"下拉列表框 完整 ：用于设置画面显示的分辨率。
- "快速预览"按钮 ：单击该按钮，可在弹出的菜单中选择预览方式，如自适应分辨率、线框等。
- "切换透明网格"按钮 ：单击该按钮，合成中的背景将以透明网格的方式进行显示。
- "切换蒙版和形状路径可见性"按钮 ：单击该按钮，可在画面中显示或隐藏蒙版和形状路径。
- "目标区域"按钮 ：添加蒙版后，单击该按钮，可显示画面中的目标区域。
- "选择网格和参考线选项"按钮 ：用于选择网格、标尺、参考线等辅助工具，实现精确编辑对象的操作。
- "显示通道及色彩管理设置"按钮 ：单击该按钮，可在弹出的菜单中选择显示画面的通道选项，若选择"设置项目工作空间"命令，将打开"项目设置"对话框的"颜色"选项卡，可进行色彩管理设置。
- "调整曝光度"按钮 ：单击该按钮可重置曝光度参数，单击或按住鼠标左键并左右拖曳该按钮右侧的蓝色数字可修改曝光度参数。
- "拍摄快照"按钮 ：单击该按钮，可将合成中的画面保存在AE缓存文件中，主要用于前后对比，但保存的快照图片无法调出使用。
- "显示快照"按钮 ：单击该按钮，可显示上一张快照。
- "预览时间"按钮 0:00:00:00 ：单击该按钮，可打开"转到时间"对话框，在其中可设置时间指示器跳转的具体时间点。

6. 面板组

在默认的工作界面中，部分面板位于"合成"面板右侧，包括"信息"面板、"音频"面板、"预览"面板、"效果和预设"面板、"对齐"面板等，还有一些面板则需要通过菜单栏中的"窗口"菜单来调出。

7. "时间轴"面板

"时间轴"面板是AE的核心面板之一，主要包含左侧的图层控制区和右侧的时间线控制区，如图1-10所示。此外，其左上方为当前编辑的合成名称。

图1-10 "时间轴"面板

（1）图层控制区

图层控制区中的部分选项介绍如下。

- 时间码 0:00:03:04 ：拖曳该时间码或单击时间码后直接输入数值，可以查看对应帧的画面效果，其中0:00:03:04代表0时0分3秒4帧。

- "合成微型流程图"按钮▦：单击该按钮或按【Tab】键，可快速显示合成中的架构。
- "消隐"按钮▦：用于隐藏设置了"消隐"开关的所有图层。
- "帧混合"按钮▦：用于为设置了"帧混合"开关的所有图层启用帧混合效果。
- "运动模糊"按钮▦：用于为设置了"运动模糊"开关的所有图层启用运动模糊效果。
- "图表编辑器"按钮▦：单击该按钮，可将右侧的时间线控制区转换为图表编辑器。
- "视频"按钮▦：用于显示或者隐藏图层。
- "音频"按钮▦：用于启用或关闭视频中的音频。
- "独奏"按钮▦：用于只显示选择的图层。可同时开启多个。
- "锁定"按钮▦：用于锁定图层，图层被锁定后不能进行任何编辑操作，从而保护该图层不受破坏。
- "标签"按钮▦：用于设置图层标签，可使用不同的标签颜色来分类图层，还可以用于选择标签组。
- ▦按钮：用于表示图层序号，可按小键盘上的数字键来选择对应序号的图层。
- 父级和链接：用于指定父级图层。在父级图层中做的所有变换操作都将自动应用到子级图层的对应属性上，但不透明度属性除外。
- 展开其他窗格按钮组▦▦▦▦：单击相应按钮，可分别控制"转换控制""图层开关""渲染时间""入点/出点/持续时间/伸缩"窗格的展开或折叠，图1-11所示为展开所有窗格的效果。

图1-11　展开所有窗格的效果

### 资源链接

　　关于"转换控制""图层开关""渲染时间""入点/出点/持续时间/伸缩"窗格中的各选项的具体介绍，可扫描右侧的二维码查看详细内容。

扫码看详情

（2）时间线控制区

时间线控制区主要包含时间导航器、时间指示器和工作区域3部分，如图1-12所示。

图1-12　时间线控制区

- 时间导航器：拖曳时间导航器左侧或右侧的蓝色滑块可以调整时间线控制区的显示比例；也可以通过拖曳时间线控制区左下角的圆形滑块来调整显示比例。
- 时间指示器：左右拖曳时间指示器可调整时间码。
- 工作区域：工作区域为合成的有效区域，位于该区域内的对象才是最终渲染输出的内容。拖曳工作区域左右两侧的蓝色滑块可确定工作区域内容。

**疑难解答**

**如何将AE的工作界面调整成符合自己操作习惯的布局?**

若用户对工作界面的布局不满意,可通过调整不同面板的大小及位置的方式来重新布局,操作方法:将鼠标指针移至面板的边缘,当鼠标指针变为 ⊞ 形状时,按住鼠标左键并拖曳可调整面板的大小;将鼠标指针移至面板名称上方,按住鼠标左键并拖曳可将面板拖曳至其他位置。

# After Effects基本操作

熟悉了AE的工作界面后,就可以通过新建项目文件和合成文件、导入素材等方式来掌握AE的基本操作。

## 1.3.1 课堂案例——制作秋游 Vlog 片头

**案例说明:** 某森林公园为扩大宣传,准备制作秋游Vlog并发布到各大视频网站,以吸引更多游客来公园欣赏秋日美景。要求将拍摄的风景视频制作为Vlog的片头,在该视频中添加PSD素材文件中的文字、装饰元素,并添加音效,该片头尺寸为1280像素×720像素。参考效果如图1-13所示。

**高清视频**

**知识要点:** 新建项目文件和合成文件;导入素材;保存并关闭项目文件。

**图1-13 制作秋游 Vlog 片头参考效果**

**素材位置:** 素材\第1章\树叶.mp4、鸟鸣.mp3、秋游.psd

**效果位置:** 效果\第1章\秋游Vlog片头.aep

具体操作步骤如下。

**视频教学:制作秋游Vlog片头**

**步骤 01** 启动AE,单击欢迎界面左侧的 **新建项目** 按钮进入工作界面,然后单击"项目"面板中的"新建合成"按钮 ▣,打开"合成设置"对话框,设置合成名称为"秋游Vlog片头"、宽度为"1280像素"、高度为"720像素",持续时间为"0:00:04:00",背景颜色为"白色",如图1-14所示,单击 **确定** 按钮,新建的合成文件会显示在"项目"面板中,且自动在"时间轴"面板中打开。

**步骤 02** 选择【文件】/【导入】/【文件】命令或按【Ctrl+I】组合键,打开"导入文件"对话框,按住【Ctrl】键依次单击"树叶.mp4""鸟鸣.mp3"素材,如图1-15所示,单击 导入 按钮,导入的素材将会显示在"项目"面板中。

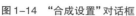

图1-14 "合成设置"对话框

图1-15 "导入文件"对话框

**步骤 03** 在"项目"面板中按住【Ctrl】键单击"树叶.mp4""鸟鸣.mp3"素材,然后按住鼠标左键将选中的素材拖曳至"时间轴"面板的左侧,此时"合成"面板中显示的画面如图1-16所示。

**步骤 04** 视频画面超过"合成"面板的显示区域,因此需要进行调整。选择"选取工具" ,将鼠标指针移至画面右上角的锚点处,在按住【Shift】键的同时按住鼠标左键向左下方拖曳,等比例缩小视频画面,如图1-17所示。

图1-16 "合成"面板显示的画面

图1-17 调整视频画面大小

**步骤 05** 由于PSD格式的文件较为特殊,因此需要单独进行导入。按【Ctrl+I】组合键,打开"导入文件"对话框,单击"秋游.psd"素材,然后单击 导入 按钮,打开"秋游.psd"对话框,在"导入种类"下拉列表框中选择"合成-保持图层大小"选项,选中"可编辑的图层样式"单选项,单击 确定 按钮,如图1-18所示。

**步骤 06** 在"项目"面板中可看到"秋游"合成和"秋游 个图层"文件夹,展开"秋游 个图层"文件夹,可看到PSD文件中的所有图层,如图1-19所示。

**步骤 07** 按住【Shift】键,依次单击文件夹中的第一个素材和最后一个素材,以选择其间的所有素材。将选中的素材拖曳至"时间轴"面板中,所有素材都将居中显示在"合成"面板中,如图1-20所示。

图1-18 "秋游.psd"对话框　　　　图1-19 展开素材文件夹　　　　图1-20 所有素材居中显示

**步骤 08** 使用"选取工具" ▶ 分别移动各个素材，以调整它们的位置，调整后的效果如图1-21所示。

**步骤 09** 此时"秋游"和"Vlog"文字的颜色与视频画面不太协调，因此需要调整。在"时间轴"面板中选择"秋游/秋游.psd"图层，然后在其上单击鼠标右键，在弹出的快捷菜单中选择【创建】/【转换为可编辑文字】命令，如图1-22所示。此时该图层将自动变为"秋游"文本图层，且图层名称左侧的 图标变为 图标。

图1-21 调整后的效果　　　　　　图1-22 将素材转换为可编辑文字

**步骤 10** 在工作界面右侧的"字符"面板中单击"填充颜色"色块，打开"文本颜色"对话框，选择白色后单击 确定 按钮，可发现"秋游"文字已变为白色。使用相同的方法将"Vlog"文字的颜色也修改为白色，效果如图1-23所示。

**步骤 11** 按【Ctrl+S】组合键打开"另存为"对话框，设置"文件名"为"秋游Vlog片头"，设置保存路径，单击 保存(S) 按钮，如图1-24所示。

图1-23 修改文本颜色后的效果　　　　图1-24 "另存为"对话框

## 1.3.2 新建项目文件和合成文件

项目文件是用于存储合成文件及该项目中所有素材的源文件，使用AE进行的大部分工作都是在合成文件中完成的，因此，新建项目文件和合成文件是AE中非常基础的操作。

**1. 新建项目文件**

新建项目文件的方法主要有以下两种。

● 在欢迎界面新建：启动AE后，在欢迎界面中单击 [新建项目] 按钮。

● 通过菜单命令或快捷键新建：若已经进入AE的工作界面，或需要创建新的项目文件时，可直接选择【文件】/【新建】/【新建项目】命令或按【Ctrl+Alt+N】组合键。

**2. 新建合成文件**

用户可根据制作需求新建空白合成文件，或直接基于素材新建合成文件。

（1）新建空白合成文件

选择【合成】/【新建合成】命令或按【Ctrl+N】组合键，可打开图1-25所示的"合成设置"对话框，在其中可设置合成的各个参数。

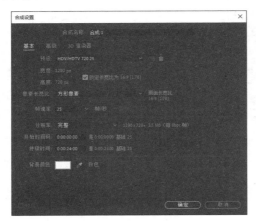

**图1-25　"合成设置"对话框**

● 合成名称：用于设置合成的名称，便于管理。

● 预设：包含AE预设好的各种视频类型，选择某种预设类型后，将自动定义文件的宽度、高度、像素长宽比等，也可以选择"自定义"选项，自定义合成文件的属性。

● 宽度、高度：用于设置合成文件的宽度和高度，若选中"锁定长宽比"复选框，宽度与高度的比例将保持不变。

● 像素长宽比：用于设置像素长宽比，可根据制作需求自行选择，默认选择"方形像素"选项。

● 帧速率：用于设置帧速率，该数值越大视频越流畅，但所占内存也越大。

● 分辨率：用于设置"合成"面板中的显示分辨率。

● 开始时间码：用于设置合成文件播放的开始时间，默认为0帧。

● 持续时间：用于设置合成文件播放的具体时长。

● 背景颜色：用于设置合成文件的背景颜色。

在"合成设置"对话框中的"高级"选项卡中可以设置合成图像的轴心点，嵌套时合成图像的帧速率，以及应用运动模糊效果后模糊量的强度和方向；在"3D渲染器"选项卡中可以设置AE在进行三维渲染时所使用的渲染器。

（2）基于素材新建合成文件

每个素材都有自身的属性，如高度、宽度、像素长宽比等，因此，用户可根据素材的属性来新建合成文件。基于素材新建合成文件主要有以下两种方式。

● 基于单个素材新建合成文件：在"项目"面板中将单个素材拖曳到底部的"新建合成"按钮 🔲 上，或者在选择素材后，在菜单栏选择【文件】/【基于所选项新建合成】命令，合成中的属性（包括宽度、高度和像素长宽比等）会自动与所选素材相匹配。

图1-26 "基于所选项新建合成"对话框

● 基于多个素材新建合成文件：在"项目"面板中将多个素材拖曳到底部的"新建合成"按钮 🔲 上，或者在选择多个素材后，在菜单栏选择【文件】/【基于所选项新建合成】命令，打开图1-26所示的"基于所选项新建合成"对话框，在其中选中"单个合成"单选项时，可设置从哪个素材中获取合成设置；选中"多个合成"单选项时，可为每个素材都新建单独的合成文件。

## 1.3.3 导入并管理素材

AE可以导入多种类型的素材，包括图像、视频、音频等。在导入素材后，还可以对其进行分组、替换等管理操作。

1. 导入素材

根据要导入的素材的类别不同，导入素材的方法主要有以下3种。

● 导入常用素材：在导入MP4、AVI、JPEG、MP3等格式的素材时可直接选择【文件】/【导入】/【文件】命令，或在"项目"面板的空白区域双击，或者在空白区域单击鼠标右键并在弹出的快捷菜单中选择【导入】/【文件】命令，也可以直接按【Ctrl+I】组合键，打开"导入文件"对话框，从中选择需要导入的一个或多个素材文件，单击 导入 按钮完成导入操作。

● 导入序列素材：序列指一组名称连续且扩展名相同的素材文件，如"素材01.jpg""素材02.jpg""素材03.jpg"。当打开"导入文件"对话框后，选择"素材01.jpg"文件，选中

"ImporterJPEG序列"复选框，如图1-27所示，单击　导入　按钮，AE将自动导入所有名称连续且扩展名相同的素材序列，如图1-28所示。如果是其他格式的素材序列，则复选框的名称会有所变化，但位置不变。

● 导入分层素材：当导入含有图层信息的素材时，可以通过设置保留素材中的图层信息。如导入Photoshop生成的PSD文件时，在"导入文件"对话框中选择文件并单击　导入　按钮后，将打开以该素材名称为名的对话框，在其中的"导入种类"下拉列表框中选择"素材"选项，可选择将素材中的所有图层合并为一个图层后导入，或选择单个图层导入；选择"合成"选项，可读取PSD文件的分层信息，在AE中新建一个合成并保持分层状态，每个分层的素材都与合成大小相同；选择"合成 - 保持图层大小"选项，可在新建合成并保持分层状态的同时，保证每一个图层的大小不变。

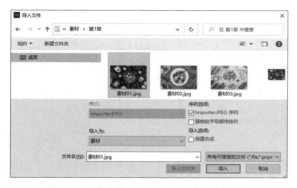

图1-27　选中"ImporterJPEG 序列"复选框

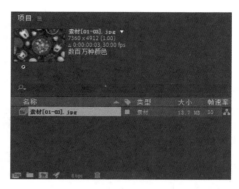

图1-28　导入所有名称连续且扩展名相同的素材序列

> 🔔 **提示**
>
> 在导入分层素材时，如果选择"导入种类"为"合成"或"合成-保持图层大小"，那么，若选中"可编辑的图层样式"单选项，则导入的素材将完整保留PSD文件的所有图层信息，并可以编辑图层样式；若选中"合并图层样式到素材"单选项，则图层样式不可编辑，但素材渲染速度更快。

**2. 分组素材**

当"项目"面板中的素材过多时，用户可根据需要通过素材类型或素材使用片段对素材进行分组，以提高工作效率。操作方法：单击"项目"面板下方的"新建文件夹"按钮，或在"项目"面板的空白区域单击鼠标右键，在弹出的快捷菜单中选择"新建文件夹"命令，可在"项目"面板中新建一个空白文件夹，将素材拖曳到相关文件夹中即可对其进行分组。图1-29所示为分组素材后的效果，选择文件夹后，在"项目"面板上方区域会显示该文件夹中的素材数量。

**3. 替换素材**

如果项目文件中已有的素材不满足制作需要，或有素材丢失，都可以进行素材替换操作。操作方法：在"项目"面板中选择需要替换的素材，单击鼠标右键，在弹出的快捷菜单中选择【替换素材】/【文件】命令，打开"替换素材文件"对话框，双击新素材即可完成替换。

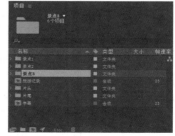

图1-29　分组素材后的效果

## 1.3.4 保存和关闭项目文件

完成一个项目后，用户还需要对该项目文件进行保存和关闭。

**1. 保存项目文件**

保存项目文件主要使用"保存"和"另存为"两种命令。

● 使用"保存"命令：选择【文件】/【保存】命令，或按【Ctrl+S】组合键，可直接保存当前项目文件。需要注意的是，若首次保存该项目文件，在使用该命令时会打开"另存为"对话框，在其中设置保存类型和位置等，然后单击  按钮；若是已经保存过该项目文件，在使用该命令时会自动覆盖已经保存过的项目。

● 使用"另存为"命令：选择【文件】/【另存为】命令，或按【Ctrl+Shift+S】组合键，打开"另存为"对话框，可重新设置保存类型和位置等进行保存。

**2. 关闭项目文件**

若只需要关闭当前项目文件，可选择【文件】/【关闭项目】命令；若需要关闭当前项目文件的同时关闭软件，可直接单击工作界面右上角的☒按钮。

# 1.4
# 课堂实训——制作美食短视频开头

**1. 实训背景**

某美食团队拍摄了一个关于制作烤肠的视频，准备将其上传到短视频平台中，以吸引美食爱好者观看，因此需要先为短视频制作一个开头，以增强视觉吸引力。要求在开头中展示出"美食研究所"的Logo，并点明短视频的主题，该开头尺寸为1280像素×720像素。

高清视频

　　2. 实训思路

　　（1）合成设置。按照制作要求在新建合成时设置合成的宽度为"1280像素"、高度为"720像素"，帧速率可设置为常用的25帧/秒。作为开头，可以将整体时长设置为5秒。

（2）导入并调整素材。导入视频素材后，若发现视频画面超出了合成大小，则需要适当调整画面大小。在导入PSD格式的素材时，需注意将其以合成的形式导入，以便于对其进行编辑。

（3）修改素材。根据视频内容适当修改文字的颜色、信息，以及文字内容。

本实训制作前后效果对比如图1-30所示。

图1-30　美食短视频开头制作前后效果对比

素材位置：素材\第1章\美食.mp4、美食研究所开头.psd

效果位置：效果\第1章\美食短视频开头.aep

3. 步骤提示

**步骤 01** 新建项目文件，以及名称为"美食短视频开头"、大小为"1280像素×720像素"、持续时间为"0:00:05:00"、背景颜色为"白色"的合成文件。

**步骤 02** 导入"美食.mp4"素材，将其拖曳至"时间轴"面板中，然后在"合成"面板中等比例缩小视频画面。

**步骤 03** 导入"美食研究所开头.psd"素材，并在导入时设置导入种类为"合成-保持图层大小"。

**步骤 04** 将"项目"面板中"美食研究所开头个图层"文件夹中的素材都拖曳到"时间轴"面板中，再在"合成"面板中调整各个素材的位置。

**步骤 05** 将"炒饭的制作""唯爱与美食不可辜负"图层都转换为可编辑的文本图层，然后将文字颜色修改为"白色"。

**步骤 06** 使用"横排文字工具" T 选中文字"炒饭"，将其修改为"烤肠"。

**步骤 07** 按【Ctrl+S】组合键保存文件，并设置名称为"美食短视频开头"。

视频教学：
制作美食短视频
开头

# 1.5 课后练习

## 练习 1 制作淘宝主图视频

某家居商家准备在淘宝网中上新一套家居商品，现需上传主图视频，用于展示商品的外观，便于消费者更快地了解该商品的相关信息。要求该视频的尺寸为800像素×800像素，因此需要在新建合成时设置相应的尺寸，然后导入视频素材进行调整，制作前后效果对比如图1-31所示。

高清视频

图1-31　淘宝主图视频制作前后效果对比

素材位置：素材\第1章\家居.mp4
效果位置：效果\第1章\淘宝主图视频.aep

练习 **2**　制作动物介绍模板视频

高清视频

　　"世界动物日"即将来临，某动物保护组织准备制作一个动物介绍的视频，让更多的人对动物有更深的了解。为了提高制作效率，准备先制作模板视频，便于直接替换其中的视频和文字。要求该模板视频画面简洁，能在视频旁边添加动物的名称及相关的信息，视频大小为1280像素×720像素，参考效果如图1-32所示。

图1-32　动物介绍模板视频参考效果

素材位置：素材\第1章\企鹅.mp4、动物介绍.psd
效果位置：效果\第1章\动物介绍模板视频.aep

第 **2** 章 图层操作

在AE中，图层是合成文件中的重要组成部分。图层可以看作一张张透明的纸，将这些纸按照一定的顺序叠放在一起，纸上的所有对象就可以形成最终的画面效果。通过对图层进行选择、移动、设置属性等操作，可以有序地组织各个素材，以满足视频合成的实际需要。

📖 **学习目标**
　◎ 掌握图层的基本操作方法
　◎ 掌握图层混合模式和图层样式的设置方法

◇ **素养目标**
　◎ 通过管理图层，提高对素材的统筹和规划能力
　◎ 通过图层混合模式和图层样式的应用，培养创意思维

◈ **案例展示**

旅游宣传片　　　　　　　　月饼广告　　　　　　"世界读书日"宣传片

# 2.1

# 图层基本操作

AE中的绝大部分操作都是基于图层进行的，为了在影视后期合成中更加灵活地应用图层，需要先了解图层类型，并掌握不同类型的图层的新建方法，然后在"时间轴"面板中设置图层属性、堆叠顺序、时间与速度、父子级等。

## 2.1.1 了解图层类型

将"项目"面板中的素材拖曳至"时间轴"面板后将自动生成与素材名称同名的图层，且同一个素材可以作为多个图层的源。除此之外，用户还可根据需要新建不同类型的图层。操作方法：在"时间轴"面板左侧的空白区域单击鼠标右键，在弹出的快捷菜单中选择"新建"命令，从子菜单中选择相应的命令即可新建图层，如图2-1所示，新建的图层将显示在图层控制区中，如图2-2所示（从上到下依次为调整图层、形状图层、空对象图层、摄像机图层、灯光图层、纯色图层、包含文字内容的文本图层及空文本图层）。

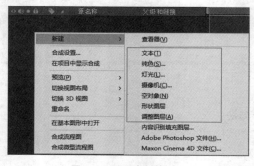

图2-1　不同类型的图层

图2-2　图层的显示

- 调整图层：该图层类似空白的图像，但应用于调整图层上的效果会全部应用于在它之下的所有图层，所以调整图层一般用于统一调整画面色彩、特效等。该图层的默认名称为"调整图层"，图层名称前的图标为白色色块。
- 形状图层：该图层用于建立各种简单或复杂的形状或路径，结合形状工具组和钢笔工具组中的各种工具可以绘制出各种形状。该图层的默认名称为"形状图层"，图层名称前的图标为★。
- 空对象图层：该图层不会被AE渲染出来，但它具有很强的实用性。例如，当文件中有大量的图层需要做相同的设置时，可以先建立空对象图层，将需要做相同设置的图层通过父子关系链接到空对象图层，再通过调整空对象图层就能同时调整这些图层。另外，也可以将摄像机图层通过父子关系链接到空对象图层，通过移动空对象来实时控制摄像机。该图层的默认名称为"空"，图层名称前的图标为白色色块。
- 摄像机图层：该图层用于模仿真实的摄像机视角，通过平移、推拉、摇动等各种操作，控制动态图形的运动效果，但也只能作用于三维图层。该图层的默认名称为"摄像机"，图层名称前的图标为■。
- 灯光图层：该图层用于充当三维图层（立体空间上的图层）的光源。如果需要为某个图层添加灯光，需要先将二维图层转换为三维图层，然后才能设置灯光效果。灯光图层的默认名称为该图层的灯光类型，图层名称前的图标为 。

- 纯色图层：该图层用于背景或其他图层的遮罩，也可以通过应用效果配合纯色图层来制作特效。纯色图层的默认名称为该纯色图层的颜色名称加上"纯色"文字，图层名称前的图标为该纯色图层的颜色色块。
- 文本图层：该图层用于创建文本对象，图层的名称默认为"<空文本图层>"，图层名称前的图标为 。若在"合成"面板中输入文字，则该图层名称将自动变为输入的文字内容。使用文字工具在"合成"面板中单击定位文本插入点后，"时间轴"面板中也会自动新建一个文本图层。

🔔 提示

新建图层后，若需要修改图层名称，可在选择图层后，按【Enter】键激活图层名称的文本框，然后输入新的名称，最后再次按【Enter】键完成修改。

另外，AE中还有一个较为特殊的预合成图层，可以用于管理图层、添加效果等。新建预合成图层的方法：选择一个或多个图层后，单击鼠标右键，在弹出的快捷菜单中选择"预合成"命令，或按【Ctrl+Shift+C】组合键，打开图2-3所示的"预合成"对话框，在其中可设置名称、图层时间范围等，然后单击 确定 按钮，即可将所选图层创建为一个合成文件。若需要再次修改已建的预合成图层中某个图层的参数，可双击展开该预合成图层，对单个目标图层进行编辑。

图2-3 "预合成"对话框

## 2.1.2 课堂案例——制作旅游宣传片

**案例说明：**临近假期，"梦之海岛"风景区准备制作一个旅游宣传片，并上传到各大视频平台中，用于吸引游客前去游玩。要求为拍摄的视频素材配以合适的文字，并适当剪辑视频内容，以及调整播放速度，参考效果如图2-4所示。

**知识要点：**新建图层；设置图层的入点与出点；选择与移动图层；拆分图层；设置父子级图层。

高清视频

图2-4 制作旅游宣传片参考效果

**素材位置：**素材\第2章\旅游宣传片素材

**效果位置：**效果\第2章\旅游宣传片.aep

具体操作步骤如下。

视频教学：
制作旅游宣传片

**步骤 01** 新建项目文件，以及名称为"旅游宣传片"、大小为"1280像素×720像素"、持续时间为"0:00:20:00"、背景颜色为"白色"的合成文件。

**步骤 02** 导入"旅游宣传片素材"文件夹中的所有素材，将"风景.mp4"素材拖曳至"时间轴"面板中，并单击"时间轴"面板左下角的■按钮展开"入点/出点/持续时间/伸缩"窗格，然后单击"入"栏下方的参数，打开"图层入点时间"对话框，设置入点时间为"−0:00:03:02"，如图2-5所示，单击 确定 按钮。

**步骤 03** 选择"横排文字工具"■，在工作界面右侧的"字符"面板中设置字体为"方正兰亭中粗黑简体"，再单击右侧左上方的色块，打开"文本颜色"对话框，设置填充颜色为"#FFFFFF"，然后单击 确定 按钮。在画面的右侧单击定位文本插入点，然后输入"梦之海岛"文字，并通过按【Enter】键使文字呈两行排列，再按【Ctrl+Enter】组合键完成输入，效果如图2-6所示，此时"时间轴"面板中出现"梦之 海岛"文本图层。

**步骤 04** 选择"椭圆工具"■，单击右侧的 填充 按钮，打开"填充选项"对话框，单击"无"按钮■取消填充，然后单击 确定 按钮；单击"描边"右侧的色块，在打开的"形状描边颜色"对话框中设置描边颜色为"#FFFFFF"，再将右侧的描边宽度设置为"4像素"。

**步骤 05** 将鼠标指针移至文字左上方，在按住【Shift】键的同时按住鼠标左键向右下方拖曳以绘制圆环，使文字显示在圆环中间。在"时间轴"面板中按住【Ctrl】键单击文本图层和形状图层，在工作界面右侧的"对齐"面板中分别单击"水平对齐"按钮■和"垂直对齐"按钮■，效果如图2-7所示。

图2-5 设置入点时间

图2-6 文字输入后的效果

图2-7 对齐图层后的效果

**步骤 06** 选择"向后平移（锚点）工具"■，在"合成"面板中单击形状图层，然后将鼠标指针移至形状图层的锚点上方，按住鼠标左键并拖曳，将其拖至圆环中心，如图2-8所示，然后释放鼠标左键。

**步骤 07** 在"时间轴"面板中，将鼠标指针移至文本图层的"父级关联器"图标■上方，然后按住鼠标左键并拖曳，将其拖至形状图层上方，如图2-9所示，然后释放鼠标左键，将形状图层设置为文本图层的父级图层，以便后续同步调整两个图层上素材的大小和位置。

图2-8 移动锚点

图2-9 设置父子级图层

**步骤 08** 选择"选取工具"■，选择形状图层，将鼠标指针移至右上角的锚点上方，在按住

【Shift】键的同时按住鼠标左键并向左下方拖曳以缩小圆环，此时文字将同步缩小，调整好大小后释放鼠标左键，然后将圆环和文字拖曳至画面右上角，效果如图2-10所示。

图2-10 缩小并移动形状和文字后的效果

**步骤 09** 将"日落.mp4"素材拖曳至"时间轴"面板中，按【Ctrl+Alt+F】组合键使其适应合成大小，按照步骤2的方法设置图层的入点时间为"0:00:04:00"，然后将时间指示器移至0:00:08:00处，选择【编辑】/【拆分图层】命令或按【Ctrl+Shift+D】组合键拆分图层，可发现该图层被拆分为上下两个图层，如图2-11所示，然后选择上方的图层，按【Delete】键删除。

图2-11 拆分图层

**步骤 10** 将"美食.mp4"素材拖曳至"时间轴"面板中，按【Ctrl+Alt+F】组合键使其适应合成大小，并单击"音频"栏下方的图标以关闭音频。分别在0:00:04:00和0:00:12:00处拆分图层，并只保留中间部分的图层。单击"持续时间"栏下方的参数，打开"时间伸缩"对话框，设置新持续时间为"0:00:04:00"，如图2-12所示，然后单击"确定"按钮。最后设置该图层的入点时间为"0:00:08:00"，如图2-13所示。

图2-12 设置新持续时间

图2-13 调整图层的入点时间

**步骤 11** 将"娱乐.mp4"素材拖曳至"时间轴"面板中，按【Ctrl+Alt+F】组合键使其适应合成大小，设置图层的入点时间为"0:00:12:00"，然后将时间指示器移至合成最后，拆分该图层并删除上方的图层。

**步骤 12** 将时间指示器移至0:00:04:00处，选择"横排文字工具"，设置字体为"方正兰亭中黑简体"、文本填充为"#FFFFFF"、字体大小为"36像素"，在画面右下角输入"傍晚可以漫步在海边观看日落"文字，如图2-14所示。然后在"时间轴"面板中选择该文本图层，按住鼠标左键将其拖曳至"落日.mp4"图层的上方。

**步骤 13** 将鼠标指针移至文本图层的时间条左侧，当鼠标指针变为形状时，在按住【Shift】键的同时按住鼠标左键并向右拖曳，使其入点与"落日.mp4"图层的入点相同，再使用相同的方法调整时间条的右侧，使其出点与"落日.mp4"图层的出点相同，如图2-15所示。

图2-14　输入文字

图2-15　调整文本图层的入点和出点

🔔 **提示**

在按住【Shift】键的同时拖曳时间条，其边缘可以自动吸附到其他时间条的边缘或者时间指示器的位置；同样，在按住【Shift】键的同时拖曳时间指示器也可以自动吸附到时间条的边缘位置。

**步骤 14** 使用和步骤12相同的方法为"美食.mp4""娱乐.mp4"视频添加文字描述，并根据画面调整文本的位置和填充颜色，再根据视频的时长调整文本图层的入点和出点，如图2-16所示。

图2-16　输入文字并调整文本图层的入点和出点

**步骤 15** 将"背景音乐.mp3"素材拖曳至"时间轴"面板中，然后按【Ctrl+S】组合键保存文件，并设置名称为"旅游宣传片"。

## 2.1.3 设置图层属性

图2-17　图层属性

AE中的图层主要包含锚点、位置、缩放、旋转和不透明度5种基本属性，大多数动态效果都是基于这5种属性进行设计和制作的。在"时间轴"面板左侧的图层控制区中展开某个图层，在其中的"变换"栏中可以看到该图层的所有属性，如图2-17所示，调整这些属性后方的参数可以更改相应的属性，单击上方的■■按钮可将调整后的属性恢复为初始状态。

● 锚点：设置锚点属性可以改变图层上对象的移动、缩放、旋转的参考点，锚点所在的位置不同，其变换效果可能就会不同。默认情况下，锚点位于图层的中心位置，可直接在"时间轴"面板中调整锚点属性后的参数，两个参数分别代表x轴方向和y轴方向上的坐标；也可以选择"向后平移（锚点）工具"■，将鼠标指针移至锚点位置，然后按住鼠标左键并拖曳，以改变锚点的位置。

● 位置：设置位置属性可以改变该图层上对象在合成中的位置，如图2-18所示；也可以在"合成"面板中使用"选取工具"▶直接拖曳对象改变其位置。

● 缩放：设置图层的缩放属性可以使图层上的对象以锚点为中心，产生放大或缩小的效果，如图2-19所示；也可以在选择"选取工具"▶后，在"合成"面板中将鼠标指针移至图层周围的锚点上方，然后按住鼠标左键并拖曳，以改变图层的大小。

> **🔔 提示**
>
> 在"时间轴"面板中调整图层的缩放属性时，默认情况下按照等比例进行缩放，若单击参数左侧的"约束比例"按钮🔗取消约束，可单独调整缩放属性中的某个参数。而在"合成"面板中缩放图层时，只有在按住【Shift】键的同时拖曳锚点才能实现等比例缩放图层。

　　　图2-18　设置位置属性　　　　　　　　　　　　图2-19　设置缩放属性

● 旋转：设置图层的旋转属性可以使图层上的对象以锚点为中心进行旋转，如图2-20所示。在"时间轴"面板中显示图层的旋转属性后，"0x"中的"0"代表旋转的圈数，而后面的参数则为旋转的度数，如"2x+45.0°"表示旋转2圈加45°。

● 不透明度：设置图层的不透明度属性可以使图层上的对象产生半透明效果，其设置范围为0%~100%，图2-21所示分别为不透明度为"80%"和"30%"的效果。

　　　图2-20　设置旋转属性　　　　　　　　　　　　图2-21　设置不透明度属性

> **🔔 提示**
>
> 若想快速显示需要调整的图层属性，可在选择图层后，按【A】键显示锚点属性，按【P】键显示位置属性，按【S】键显示缩放属性，按【R】键显示旋转属性，按【T】键显示不透明度属性。

## 2.1.4 选择和移动图层

图层的排列顺序影响着视频画面的最终效果，因此需要掌握移动图层的方法，但在移动图层前需要先选择图层。

**1. 选择图层**

在"时间轴"面板中选择图层主要有以下3种情况，且被选择的图层背景颜色将变亮显示。

- 选择单个图层：直接选择单个图层。
- 选择多个连续的图层：选择单个图层后，在按住【Shift】键的同时再选择另一个图层，可以选择这两个图层及它们之间的所有图层。
- 选择多个不连续的图层：在按住【Ctrl】键的同时，依次选择需要的图层。

🔔 **提示**

除了可以通过"时间轴"面板选择图层，还可以在"合成"面板中与图层对应的对象上方单击进行选择；若需选择多个图层，可在按住【Shift】键的同时选择多个对象。

**2. 移动图层**

图层的排列顺序可通过以下两种方法进行调整。

- 通过拖曳：选择需要移动的图层后，按住鼠标左键并将其拖曳至需要移动到的位置，当出现蓝色线条时释放鼠标左键，即可将图层移至该位置，如图2-22所示。

**图2-22　移动图层**

- 通过菜单命令：选择需要移动的图层后，选择【图层】/【排列】命令，在弹出的子菜单中选择相应的移动命令，如将图层置于顶层（【Ctrl+Shift+]】组合键）、使图层前移一层（【Ctrl+]】组合键）、使图层后移一层（【Ctrl+[】组合键）、将图层置于底层（【Ctrl+Shift+[】组合键）。

## 2.1.5 设置图层的时间与速度

图层的时长由位于时间线控制区中的时间条决定，而时间条的长度可通过该图层的入点、出点、持续时间与伸缩来调整。

**1. 图层的入点与出点**

图层的入点即图层有效区域的开始点，出点则为图层有效区域的结束点，设置图层的入点与出点有以下3种方法。

- 通过对话框设置：单击"时间轴"面板左下角的■图标，在展开的"入点/出点/持续时间/伸缩"窗格中单击"入"栏或"出"栏下方的参数，可在打开的对话框中精确设置图层的入点与出点，图2-23所示为"图层出点时间"对话框。
- 通过快捷键设置：拖曳时间指示器至某个时间点，按【[】键可将该时间点设置为入点，按【]】键可将该时间点设置为出点。

- 通过拖曳设置：选择图层后，将鼠标指针移动到该图层右侧时间线控制区的时间条上，按住鼠标左键并将其向左或向右拖曳，可快速调整图层的入点与出点；还可以将鼠标指针移至时间条的左侧或右侧，当鼠标指针变为 形状时，按住鼠标左键并拖曳可直接修改图层的入点或出点，如图2-24所示。

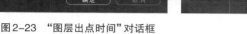

图2-23 "图层出点时间"对话框 　　　　图2-24 通过拖曳修改图层的入点

### 🔔 提示

在调整图层的入点和出点时，按【Alt+Home】组合键可将入点设置为合成的起点；按【Alt+End】组合键可将入点设置为合成的终点；按【Alt+Page Down】组合键可将时间条整体向后移动1帧；按【Alt+Page Up】组合键可将时间条整体向前移动1帧；按【Alt+Shift+Page Down】组合键可将时间条整体向后移动10帧；按【Alt+Shift+Page Up】组合键可将时间条整体向前移动10帧。

#### 2. 图层的持续时间与伸缩

设置持续时间与伸缩属性，可以调整图层上素材的播放速度，单击"持续时间"或"伸缩"栏下的参数，可打开图2-25所示的"时间伸缩"对话框。

- "伸缩"栏：用于设置拉伸因数，从而让视频产生变速效果，该参数大于100%时可使视频播放速度变慢；小于100%时可使视频播放速度变快；也可设置"新持续时间"来调整视频的播放时间。
- "原位定格"栏：用于设置以哪个时间点为基准收缩时间条。选中"图层进入点"单选项，入点在原位置保持不变，通过改变出点收缩时间条；选中"当前帧"单选项，时间指示器所在位置保持不变，通过改变出入点收缩时间条；选中"图层输出点"单选项，出点在原位置保持不变，通过改变入点收缩时间条。

图2-25 "时间伸缩"对话框

## 2.1.6 拆分与组合图层

在AE中，还可以对图层进行拆分，便于用户为各段视频制作不同的效果，拆分后再将这些视频片段进行组合，最终形成一个完整的作品。

#### 1. 拆分图层

拆分图层的操作方法：选择需拆分的图层，将时间指示器拖曳至目标位置，选择【编辑】/【拆分图层】命令，或按【Ctrl+Shift+D】组合键，所选图层将以时间指示器为参考位置，拆分为上下两个图层，如图2-26所示。

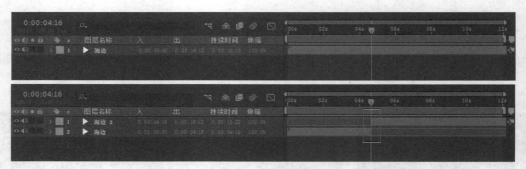

图2-26　拆分图层

**2. 组合图层**

若要将拆分后的不同图层组合在一起，可拖曳一个图层的开端至前一个图层的末尾，或在"时间轴"面板中选择需要组合的图层，单击鼠标右键，在弹出的快捷菜单中选择【关键帧辅助】/【序列图层】命令，打开"序列图层"对话框，设置持续时间为0:00:00:00，单击 确定 按钮，可使所选的图层无缝连接。

## 2.1.7　设置父子级图层

设置父子级图层可以在改变父级图层的某个属性时，同步修改子级图层的相应属性。操作方法：在图层的"父级和链接"栏对应的下拉列表框中直接选择某个图层作为当前图层的父级图层，或直接拖曳"父级和链接"栏下方的"父级关联器"按钮 至父级图层上，如图2-27所示。

图2-27　通过拖曳按钮设置父级图层

如要解除"父子关系"，可在子级图层的"父级和链接"栏对应的下拉列表框中选择"无"选项，或在按住【Ctrl】键的同时单击子级图层的"父级关联器"按钮 。

**提示**

一个图层只能具有一个父级图层，而一个父级图层可以同时拥有同一合成中任意数量的子级图层。

**技能提升**

高清视频

在影视后期合成中经常可以看到视频倒放的片段，在AE中通过使用"时间反向图层"命令可以轻松获得该效果，操作方法：选择图层后，选择【图层】/【时间】/【时间反向图层】命令或按【Ctrl+Alt+R】组合键，或直接设置该图层的持续时间，并且将拉伸因数设置为负数，从而快速反转图层的入点与出点，将其倒放，且图层的时间条下方将显示斜纹。

尝试通过"时间反向图层"命令为提供的素材（素材位置：技能提升\素材\第2章\点燃蜡烛.mp4）制作蜡烛自燃效果，以提高图层的应用能力，参考效果如图2-28所示。

图2-28　蜡烛自燃效果

# 2.2
# 图层的高级操作

在影视后期合成中，还可以利用图层的混合模式和图层样式为图层制作出特殊的效果，使视频画面的整体效果更加美观。

## 2.2.1　课堂案例——制作月饼广告

**案例说明**：在中秋节到来之际，某月饼商家准备制作一个月饼广告，并将其投放到网店中，让消费者能够感受到中秋节的氛围。要求先在片头展示出中秋节的主题，并添加月亮、孔明灯等装饰元素，然后展示出网店内售卖的月饼，参考效果如图2-29所示。

高清视频

**知识要点**：图层的混合模式；图层样式；预合成图层；复制图层样式。

**素材位置**：素材\第2章\月饼广告素材

**效果位置**：效果\第2章\月饼广告.aep

图2-29　制作月饼广告参考效果

✐ 设计素养

中秋节以月之圆象征家人团圆，是我国传统节日之一。在影视后期合成中，常常会采用月亮、月饼、孔明灯和玉兔等装饰元素，并添加"团圆""思念"等文字来营造中秋节的氛围。

具体操作步骤如下。

视频教学：
制作月饼广告

**步骤 01** 新建项目文件，以及名称为"月饼广告"、大小为"1280像素×720像素"、持续时间为"0:00:12:00"、背景颜色为"白色"的合成文件。

**步骤 02** 在"时间轴"面板左侧的空白区域单击鼠标右键，在弹出的快捷菜单中选择【新建】/【纯色】命令，打开"纯色设置"对话框，设置颜色为"#041A40"，然后单击 确定 按钮。

**步骤 03** 导入"月饼广告素材"文件夹中的所有素材，将"星光.mp4"素材拖曳至"时间轴"面板中，按【Ctrl+Alt+F】组合键使其适应合成大小，并单击"音频"栏下方的图标以关闭音频。此时视频素材中的黑色背景遮盖了新建的纯色背景，可选择【图层】/【混合模式】/【屏幕】命令，为其应用"屏幕"混合模式，前后效果对比如图2-30所示。

图2-30 前后效果对比

**步骤 04** 将"月亮.mp4"素材拖曳至"时间轴"面板中，选择【图层】/【混合模式】/【变亮】命令，为其应用"变亮"混合模式，效果如图2-31所示。

**步骤 05** 选择"横排文字工具" T，设置字体为"方正行楷简体"，填充颜色设为"白色"，设置文字大小为"160像素"，在画面中输入"中秋佳节"文字，再设置文字大小为"200像素"，在文字下方输入"团团圆圆"文字，并适当缩小文字，如图2-32所示，然后设置这两个文本图层的入点都为"0:00:01:11"。

图2-31 添加月亮素材并应用混合模式

图2-32 输入文字

**步骤 06** 选择"中秋佳节"图层，选择【图层】/【图层样式】/【外发光】命令，为该图层添加"外发光"图层样式。单击"时间轴"面板左下角的图按钮展开"转换控制"窗格，然后单击图层名称左侧的图按钮，展开该文本图层，然后依次展开"图层样式""外发光"栏，设置颜色为"#FFFFBE"，其他参数设置如图2-33所示，效果如图2-34所示。

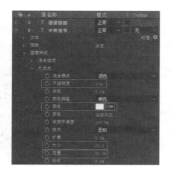

图2-33 设置外发光参数

图2-34 外发光效果

**步骤 07** 选择"中秋佳节"图层,选择【图层】/【图层样式】/【内阴影】命令,为其添加"内阴影"图层样式,参数设置如图2-35所示,效果如图2-36所示。

**步骤 08** 在展开的"中秋佳节"图层中单击"图层样式"栏,按【Ctrl+C】组合键复制,然后选择"团团圆圆"图层,按【Ctrl+V】组合键粘贴图层样式,效果如图2-37所示。

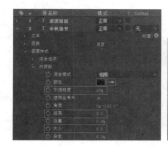

图2-35 设置内阴影参数

图2-36 内阴影效果

图2-37 复制与粘贴图层样式

**步骤 09** 将"灯.png"素材拖曳至"时间轴"面板中,适当调整大小并将其移至"月亮.mp4"图层下方,然后设置图层入点为"0:00:01:11",使其与文本图层入点相同,如图2-38所示。

图2-38 设置图层入点

**步骤 10** 选择"灯.png"图层,选择【图层】/【图层样式】/【外发光】命令,为其添加"外发光"图层样式,并设置不透明度为"75%"、颜色为"#F3C66F"、大小为"35"、范围为"50%",效果如图2-39所示。

**步骤 11** 选择所有图层,按【Ctrl+Shift+C】组合键打开"预合成"对话框,设置新合成的名称为"片头",如图2-40所示,然后单击 确定 按钮。

**步骤 12** 将"月饼视频1.mp4"素材拖曳至"时间轴"面板中,按【Ctrl+Alt+F】组合键使其适应合成大小,并单击"音频"栏下方的 图标以关闭音频,设置图层入点为"0:00:03:00",然后将时间指示器移至0:00:06:00处,按【Ctrl+Shift+D】组合键拆分图层,并删除上方图层。

图2-39　外发光效果

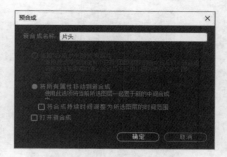

图2-40　"预合成"对话框

**步骤 13** 将"月饼视频2.mp4"素材拖曳至"时间轴"面板中，按【Ctrl+Alt+F】组合键使其适应合成大小，设置图层入点为"0:00:06:00"，单击"持续时间"栏下方的参数，在打开的"时间伸缩"对话框中设置拉伸因数为"60%"，单击 确定 按钮。再将时间指示器移至0:00:11:24处，按【Ctrl+Shift+D】组合键拆分图层并删除上方图层，如图2-41所示。

图2-41　设置图层的时间与速度

**步骤 14** 按【Ctrl+S】组合键保存文件，并设置名称为"月饼广告"。

## 2.2.2 设置图层的混合模式

图层混合模式混合所选图层和下方图层的像素，从而得到另外一种视觉效果。选择图层后，选择【图层】/【混合模式】命令，或单击图层的"模式"栏下方的"正常"下拉列表框，可在弹出的下拉列表中查看AE提供的多种混合模式效果，用户可根据自身需求进行选择。

AE中的图层混合模式共40个，可分为8组，相邻组混合模式主要通过下拉列表中的分隔线进行分隔，每组可产生相似或相近的效果和具有相似用途。为了熟练地在影视后期合成中应用它们，用户需要先了解每组混合模式的应用效果。

### 1. 正常

使用正常混合模式组时，只有降低源图层的不透明度才能产生效果。其中主要包括正常、溶解、动态抖动溶解3个混合模式。正常混合模式组中的正常混合模式是图层混合模式的默认方式，表示不和其他图层发生任何混合，较为常用。

### 2. 加深

使用加深混合模式组可使画面颜色变暗，在混合时当前图层的白色将被较深的颜色所代替。其中主要包括变暗、相乘、颜色加深、经典颜色加深、线性加深、较深的颜色6个混合模式。

### 3. 减淡

使用减淡混合模式组可使图像变亮，在混合时当前图层的黑色将被较浅的颜色所代替，效果与加深混合模式组相反。其中主要包括相加、变亮、屏幕、颜色减淡、经典颜色减淡、线性减淡、较浅的颜色7个混合模式。

**4. 对比**

使用对比混合模式组可增强图像的反差，混合时图像中亮度为50%的灰色像素将会消失，亮度高于50%灰色的像素可加亮图层颜色，亮度低于50%灰色的像素可降低图层颜色。其中，主要包括叠加、柔光、强光、线性光、亮光、点光、纯色混合7个混合模式。

**5. 差异**

使用差异混合模式组可比较当前图层和下方图层的颜色，利用源颜色和基础颜色的差异创建颜色。其中主要包括差值、经典差值、排除、相减、相除5种。

**6. 色彩**

使用色彩混合模式组可将图层中的色彩划分为色相、饱和度和亮度3种属性，然后将其中的一种或两种属性互相混合。其中主要包括色相、饱和度、颜色、发光度4个混合模式。

**7. 遮罩**

使用遮罩混合模式组可将源图层转换为所有基础图层的遮罩。其中主要包括模板Alpha、模板亮度、轮廓Alpha、轮廓亮度4个混合模式。

**8. 实用工具**

使用实用工具混合模式组可以调整Alpha通道的显示效果，其中主要包括Alpha添加和冷光预乘两个混合模式。使用Alpha添加混合模式可为下方图层与当前图层的Alpha通道创建无缝的透明区域，使用冷光预乘混合模式可以让当前图层的透明区域像素和下方图层产生作用，赋予Alpha通道边缘透镜和光亮的效果。

---

**🔗 资源链接**

　　为了更直观地了解图层的混合模式，可扫描右侧的二维码，查看不同混合模式的应用效果，以加强对混合模式的认识。

扫码看详情

## 2.2.3　设置图层样式

　　AE中还提供了多种不同的图层样式，如投影、内阴影、外发光、内发光、斜面和浮雕、光泽、颜色叠加、渐变叠加和描边等，可以为图层添加各种丰富的效果。应用图层样式的方法：选择图层后，选择【图层】/【图层样式】命令，在弹出的子菜单中，用户可根据需要选择以下9种图层样式中的任意一个，以制作出符合需求的作品。

- "投影"图层样式：用于模拟图层受到光照后产生的投影效果，图2-42所示为原图，图2-43所示为应用"投影"图层样式后的效果。在"时间轴"面板中展开应用该图层的"图层样式"栏，可在"投影"栏中设置相应的参数以调整样式效果，如图2-44所示。
- "内阴影"图层样式：用于在图层边缘的内侧添加阴影，使画面呈现出凹陷的效果，如图2-45所示。
- "外发光"图层样式：用于沿图层边缘向外产生发光效果，图2-46所示为添加的黑色外发光效果。
- "内发光"图层样式：用于为图层边缘的内侧添加发光效果，图2-47所示为添加的红色内发光效果。

● "斜面和浮雕"图层样式：用于为图层添加高光和阴影效果，从而产生凸出或凹陷的效果，如图 2-48所示。

图2-42 原图

图2-43 投影效果

图2-44 参数设置

图2-45 内阴影效果

图2-46 外发光效果

图2-47 内发光效果

图2-48 斜面和浮雕效果

● "光泽"图层样式：用于在图层上方产生一种光线遮盖的效果，如图2-49所示。
● "颜色叠加"图层样式：用于在图层上叠加指定的颜色，图2-50所示为叠加不透明度为"30%"的红色的效果。
● "渐变叠加"图层样式：用于在图层上叠加指定的渐变颜色，图2-51所示为叠加红色到橙色的效果。
● "描边"图层样式：用于使用颜色对图层的边缘进行描边，图2-52所示为使用红色进行描边的效果。

图2-49 光泽效果

图2-50 颜色叠加效果

图2-51 渐变叠加效果

图2-52 描边效果

🔔 提示

在对PSD文件中已使用图层样式的文本图层使用"转换为可编辑文本"命令时，该文本图层上的图层样式也会转换为可编辑的图层样式。

**疑难解答**

**图层样式中的混合模式有什么作用？**

　　每个图层样式均有单独的混合模式，决定着生成的样式效果与图层交互的方式。但"内发光""内阴影""颜色叠加""渐变叠加""光泽""斜面和浮雕"这类作用在图层内部的图层样式影响它们所应用的图层的不透明像素，而"外发光""描边"和"投影"这类作用在图层外部的图层样式不与它们所应用的图层像素混合，而仅与其他图层交互。

**技能提升**

　　多次曝光是指将不同空间、不同时间拍摄的景物显示在一个画面中，并将它们巧妙地融合在一起，以达到艺术、虚幻的效果。在AE中可以使用图层混合模式，调整不同图层画面间的混合方式，实现多重曝光。

　　尝试使用提供的两个素材（素材位置：技能提升\素材\第2章\人物剪影.mp4、场景.mp4），结合图层混合模式，制作出图2-53所示的双重曝光效果，以进一步掌握图层混合模式的相关操作。

高清视频

**图2-53　双重曝光**

# 2.3 课堂实训

## 2.3.1　制作"世界读书日"宣传片

**1．实训背景**

　　每年的4月23日是"世界读书日"，因此某高校准备制作"世界读书日"宣传片，希望更多的学生能够明白读书的意义、享受阅读的乐趣，并从书中感受世界文化的魅力。要求视频的整体风格简洁、美观，视频尺寸为1280像素×720像素。

**2．实训思路**

　　（1）视频构思。该宣传片的主题是"书"，因此可以使用学生穿梭在书架中的画面进行视频的引入，用镜头的移动来模拟人的视线，产生一种代入感；然后通过翻书的动作及书的特写展现主题，从而让观者体会到身临其境的感觉；最后以合上书作为结尾。

（2）文案设计。在片头处，可在右侧输入"读书的意义"作为视频的标题，并在右上角添加""'4·23'世界读书日"文字点明视频的主旨；还可在视频播放过程中添加字幕，让人能结合画面和文字进行思考与联想。

本实训的参考效果如图2-54所示。

高清视频

图2-54　制作"世界读书日"宣传片参考效果

素材位置：素材\第2章\"世界读书日"宣传片素材

效果位置：效果\第2章\"世界读书日"宣传片.aep

3. 步骤提示

视频教学：
制作"世界读
书日"宣传片

**步骤 01** 新建项目文件，以及名称为""'世界读书日'宣传片"、大小为"1280像素×720像素"、持续时间为"0:00:16:00"、背景颜色为"白色"的合成文件。

**步骤 02** 导入""'世界读书日'宣传片素材"文件夹中的所有素材，将"片头.mp4"素材拖曳至"时间轴"面板中，适当调整该图层的出点及播放速度。

**步骤 03** 使用"横排文字工具"**T**在视频右上角中输入文字""'4·23'世界读书日"，使用"直排文字工具"**T**在右侧输入文字"读书的意义"，适当调整文字大小，再为其添加"投影"图层样式，并适当调整相应参数，最后调整图层的入点。

**步骤 04** 将其他视频素材拖曳至"时间轴"面板中，分别调整3个视频的播放时间和速度等，并调整图层的入点与出点使视频无缝连接、播放流畅。

**步骤 05** 使用"横排文字工具"**T**在除片头视频以外的画面下方输入字幕文字并复制"投影"图层样式，根据文字的长短适当调整文字的显示时间。

**步骤 06** 将"背景音乐.mp3"素材拖曳至"时间轴"面板中，并关闭全部视频的音频。最后按【Ctrl+S】键保存文件，设置名称为""'世界读书日'宣传片"。

## 2.3.2　制作露营日记 Vlog

### 1. 实训背景

"乐享"露营基地刚刚开业，为吸引更多消费者前去露营，该露营基地准备制作一个露营日记Vlog，并将其发布到网上。要求在片头添加流星特效，并搭配相应的主题文字，然后在视频中展现露营的活动内容，使消费者产生兴趣，并在视频左下角添加露营基地的名称。尺寸要求为1280像素×720像素。

2．实训思路

（1）视频构思。在片头处可利用在营地拍摄的视频作为主背景，同时展现出露营基地的场地，然后利用图层混合模式将流星的特效应用到画面中；最后依次展示出露营过程中的美食、观影和篝火等。

（2）文字设计。为契合Vlog的主题，可在流星划过之后显示出"露营日记"文字，并利用"外发光""描边"图层样式为文字增添美观度，应用图层样式前后效果对比如图2-55所示。

图2-55　应用图层样式前后效果对比

（3）素材剪辑。视频素材的时长较长，而作为Vlog，总时长不宜过长，剪辑重点片段即可，因此，可利用图层的入点与出点、持续时间来调整视频的时长。

本实训的参考效果如图2-56所示。

高清视频

图2-56　制作露营日记Vlog参考效果

素材位置：素材\第2章\露营日记Vlog素材

效果位置：效果\第2章\露营日记Vlog.aep

视频教学：
制作露营日记
Vlog

3．步骤提示

步骤 01　新建项目文件，以及名称为"露营日记Vlog"、大小为"1280像素×720像素"、持续时间为"0：00：13：00"、背景颜色为"白色"的合成文件。

步骤 02　导入"露营日记Vlog素材"文件夹中的所有素材，将"星空.mp4""流星.mp4"素材拖曳至"时间轴"面板中，然后设置"流星.mp4"图层的图层混合模式为"变亮"，使其与画面更加协调。

步骤 03　使用"横排文字工具"T在画面中输入"露营日记"文字，适当调整文字大小，再为其添加"外发光""描边"图层样式，并适当调整相应参数。将所有图层预合成为"片头"图层。

步骤 04　将剩余的视频素材拖曳至"时间轴"面板中，分别调整3个视频的播放时间和速度等，并利用图层入点与出点使视频无缝连接、播放流畅。

步骤 05　使用"横排文字工具"T在画面左下角输入"乐享·露营基地"文字，再将"背景音乐.mp3"素材拖曳至"时间轴"面板中，并关闭所有视频的音频。

步骤 06　按【Ctrl+S】组合键保存文件，并设置名称为"露营日记Vlog"。

## 课后练习

### 练习 1 制作玉米广告

玉米迎来丰收，为促进玉米的销售，某农产品店家准备制作相关的广告，然后投放到电商平台中进行宣传。要求展示出玉米的种植地、优势、特点等，让消费者能够快速获取到重要的信息。在制作时可适当剪辑视频素材，拆分并删除多余的片段，然后根据画面内容添加描述性文字，并调整文字的显示时间，参考效果如图2-57所示。

素材位置：素材\第2章\玉米广告素材

效果位置：效果\第2章\玉米广告.aep

高清视频

图2-57 制作玉米广告参考效果

### 练习 2 制作保护动物宣传片

某公益组织为呼吁大众保护动物，准备联合各大社交媒体制作一则宣传片。要求在视频中展示多种动物，并添加适当的文字和装饰。在制作时可适当剪辑视频素材，拆分并删除多余的片段，然后添加字幕并调整文字的显示时间，再为文字添加图层样式。在添加光效时，利用图层混合模式使效果与画面更加协调，参考效果如图2-58所示。

高清视频

图2-58 制作保护动物宣传片参考效果

素材位置：素材\第2章\保护动物宣传片

效果位置：效果\第2章\保护动物宣传片.aep

# 第**3**章

## 创建与编辑关键帧

在影视后期合成中，经常需要制作某个对象的运动或变化效果，如文字飘动、形状变化、背景淡入等，这些都可以在AE中通过创建与编辑关键帧、改变画面中物体的运动状态或某个属性的效果参数来实现。

**📖 学习目标**
- ◎ 掌握关键帧的基本操作方法
- ◎ 掌握使用关键帧制作动态效果的方法

**◆ 素养目标**
- ◎ 深入探索关键帧的运用技巧，提高动态效果的制作能力
- ◎ 通过关键帧插值的设置，提高分析与思考能力

**◈ 案例展示**

美食节目片尾　　　　　　传统节目背景　　　　　　影视剧片头

# 关键帧的基本操作

通过关键帧，可以在不同时间点设置属性的不同参数值，从而制作出动态效果，但在编辑关键帧之前还需要先认识关键帧，并掌握关键帧的基本操作。

## 3.1.1　认识关键帧

在第1章中提到通过不断播放连续的多帧就能形成动态效果，而关键帧就是指某对象在运动或变化时形成关键动作的那一帧。

若要让视频中的某个对象表现出运动或变化的效果，至少需要为该对象的某个属性添加两个参数不同的关键帧，一个对应变化开始的状态，另一个对应变化结束的新状态。因此，只要在制作动态效果的开始位置和结束位置添加关键帧，然后对关键帧的属性进行编辑，就可以通过AE的编译功能，在关键帧之间生成动态画面，从而获得比较流畅的变化效果。

在AE中，可以为图层的属性、效果、音频等添加不同数值的关键帧，图3-1所示为给花束的缩放、旋转和不透明度属性添加不同参数的关键帧后，生成的动态变化效果。

图3-1　生成的动态变化效果

## 3.1.2　课堂案例——制作美食节目片尾

高清视频

**案例说明：**以寻找各地美食为主题的《探寻美食》节目需要制作节目片尾，用于展示所有参与该节目的工作人员名单。在制作时，可考虑在片尾中展示本期节目的部分内容，使片尾画面不再单调，参考效果如图3-2所示。

**知识要点：**添加关键帧；修改关键帧参数；复制与粘贴关键帧。

**素材位置：**素材\第3章\背景.jpg、美食视频.mp4

**效果位置：**效果\第3章\美食节目片尾.aep

图3-2　参考效果

具体操作步骤如下。

**步骤 01** 新建项目文件，以及名称为"美食节目片尾"、大小为"1280像素×720像素"、持续时间为"0:00:07:00"、背景颜色为"白色"的合成文件。

**步骤 02** 导入"背景.jpg""美食视频.mp4"素材，并将其拖曳至"时间轴"面板中，同时选择这两个图层，按【T】键显示不透明度属性，单击属性左侧的"时间变化秒表"按钮 ，使其变为 ，此时右侧的时间条下方的时间指示器对应位置将显示 图标，如图3-3所示。

图3-3　添加关键帧

视频教学：
制作美食节目
片尾

**步骤 03** 设置不透明度为"0%"，然后将时间指示器移至0:00:00:12处，修改不透明度为"100%"，此时将自动在时间指示器对应位置添加关键帧。

**步骤 04** 框选"美食视频.mp4"图层的两个关键帧，将鼠标指针移至第1个关键帧位置，然后在按住【Shift】键的同时，按住鼠标左键并向右拖曳，当鼠标指针吸附到时间指示器位置时，释放鼠标左键，如图3-4所示。此时，视频画面在背景画面出现之后进行显示，视频效果如图3-5所示。

图3-4　移动关键帧

图3-5　视频效果

**步骤 05** 使用"横排文字工具" 在美食画面右侧输入"《探寻美食》"，设置字体为"方正特雅宋_GBK"、字体大小为"80像素"、填充颜色为"#000000"、字符间距为"100"。

**步骤 06** 选择文本图层，按【T】键显示不透明度属性，分别在0:00:00:12和0:00:03:00处添加值为"0%"的关键帧，在0:00:01:00和0:00:02:00处添加值为"100%"的关键帧，使其先逐渐显示后再逐渐消失。

步骤 **07** 选择文本图层，按【P】键显示位置属性，分别在0:00:00:12和0:00:01:00处添加关键帧，并在0:00:00:12处将文字向下拖曳，制作出图3-6所示的从下往上移动的动画效果。

图3-6 从下往上移动的动画效果

步骤 **08** 使用"横排文字工具"T在美食画面右下方输入"美食节目片尾文字.txt"素材中的部分文字，保持填充颜色不变，设置字体大小为"40像素"、行距为"80像素"、字符间距为"100"。按【T】键显示不透明度属性，分别在0:00:03:00和0:00:04:00处添加值为"100%"和"0%"的关键帧。

步骤 **09** 选择步骤8创建的文本图层，按【P】键显示位置属性，分别在0:00:01:00和0:00:03:00处添加关键帧，并在0:00:01:00处向下拖曳文本图层至画面外，制作出文字从画面外向上移动的动画效果，如图3-7所示。

图3-7 文字从画面外向上移动的动画效果

步骤 **10** 选择步骤8创建的文本图层，按【U】键显示所有关键帧，同时选择位置和不透明度属性，按【Ctrl+C】组合键复制。使用"横排文字工具"T在美食画面右侧输入"美食节目片尾文字.txt"素材中的剩余文字，保持文字设置不变，输入完成后将时间指示器移至0:00:04:00处，按【Ctrl+V】组合键粘贴关键帧，如图3-8所示，文字的动画效果如图3-9所示。

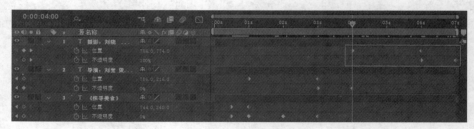

图3-8 粘贴关键帧

图3-9 文字的动画效果

**步骤 11** 按【Ctrl+S】组合键保存文件，并设置名称为"美食节目片尾"。

## 3.1.3 添加关键帧

若要为某个图层上的对象制作动态变化效果，就需要先掌握添加关键帧的方法。以图层的位置属性为例，在"时间轴"面板中展开图层，再展开"变换"栏，单击位置属性名称左侧的"时间变化秒表"按钮 ，此时该按钮变为 ，呈激活状态，表示开启相应属性的关键帧，在按钮最左侧会显示 图标，且自动在当前时间指示器所在位置添加一个关键帧，以记录当前属性值，如图3-10所示。

图3-10 开启关键帧

在开启关键帧后，除了自动添加的关键帧外，还可以通过以下3种方式添加关键帧。

● 通过按钮：将时间指示器移至需要添加关键帧的时间处，单击该属性左侧 图标中的 按钮，可以创建该属性的关键帧，同时该按钮变为 ，这也表示该关键帧被选中。

> **提示**
>
> 在属性按钮最左侧的 图标中，单击 按钮可快速将时间指示器跳转到上一同属性关键帧所在位置，单击 按钮可快速将时间指示器跳转到下一同属性关键帧所在位置。

● 通过改变属性：将时间指示器移动至需要添加关键帧的时间处，在"属性"栏中直接修改该属性的参数，可以自动创建该属性的关键帧。

● 通过菜单命令：选择相应属性所在的图层，将时间指示器移至需要创建关键帧的时间处，然后选择【动画】/【添加关键帧】命令。

## 3.1.4 查看与修改关键帧参数

若需要查看某个关键帧的参数，可将鼠标指针移至关键帧上方。此时，鼠标指针下方将出现包含时间点及具体参数值的白色矩形，如图3-11所示。

图3-11 查看关键帧参数

若要修改关键帧参数，可将时间指示器移至关键帧所处的位置，使用与设置图层属性相同的方法修改相应的参数；也可以直接双击关键帧，在打开的对话框中进行修改，图3-12所示为双击位置属性关键帧后打开的"位置"对话框。

图3-12 "位置"对话框

> 🔔 **提示**
>
> 若需要统一修改同一属性中多个关键帧的参数，可选择多个关键帧后，在属性名称右侧的参数上方按住鼠标左键不动并向左或向右拖曳，此时所有关键帧将变化同样的量，如位置属性增加或减少相同的数值；若是直接在数值框中输入数值，则所有关键帧的参数值将都变为该数值。

当"时间轴"面板中的图层或图层中的属性过多时，若需要修改某一个属性的关键帧，将所有图层都展开会不便于操作，此时可选择需要修改关键帧的图层，按【U】键，将只显示所选图层中所有添加有关键帧的属性，如图3-13所示。若在未选择图层的情况下按【U】键，将显示所有图层中添有关键帧的属性。

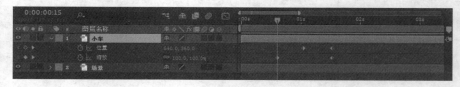

图3-13 显示添加关键帧的属性

> 🔔 **提示**
>
> 在"时间轴"面板中，连续按两次【U】键将显示所有更改过数值的属性，包括与原始参数不同的属性及关键帧属性。

## 3.1.5 选择、复制与粘贴关键帧

通过复制与粘贴关键帧，可以减少重新创建并编辑相同属性参数关键帧的次数，有效提高工作效率。而在此之前需要先掌握选择关键帧的技巧。

### 1. 选择关键帧

根据需求，可以使用不同的方式选择单个或多个关键帧（被选择的关键帧将变为蓝色）。

- 选择单个关键帧：使用"选取工具" ▶直接在关键帧上单击可以选择该关键帧。
- 选择多个关键帧：选择"选取工具" ▶，按住鼠标左键并拖曳可以框选需要选择的多个关键帧，如图3-14所示；也可以在按住【Shift】键的同时，使用"选取工具" ▶依次单击需要选择的多个关键帧。
- 选择相同属性的关键帧：在关键帧上单击鼠标右键，在弹出的快捷菜单中选择"选择相同的关键帧"命令，可选择与该关键帧有相同属性的所有关键帧，或在"时间轴"面板中双击属性名称，可

将具有该属性的关键帧全部选中。

图3-14　框选多个关键帧

- 选择前面的关键帧：在关键帧上单击鼠标右键，在弹出的快捷菜单中选择"选择前面的关键帧"命令，可选择包括该关键帧在内，以及其所在时间点之前具有相同属性的所有关键帧。
- 选择跟随关键帧：在关键帧上单击鼠标右键，在弹出的快捷菜单中选择"选择跟随关键帧"命令，可选择包括该关键帧在内，以及其所在时间点之后具有相同属性的所有关键帧。

🔔 提示

在选择了多个关键帧后，可在按住【Shift】键的同时，使用"选取工具"▶单击关键帧，以取消选择关键帧；也可按住鼠标左键并拖曳以框选需要取消选择的多个关键帧。

### 2. 复制与粘贴关键帧

选择需要复制的关键帧，选择【编辑】/【复制】命令或按【Ctrl+C】组合键，复制关键帧。将时间指示器移至需要粘贴关键帧的时间点，选择【编辑】/【粘贴】命令或按【Ctrl+V】组合键，粘贴关键帧，粘贴后的关键帧将显示在目标图层的相应属性中，且最左侧的关键帧将显示在当前时间指示器所在的时间点，其他关键帧将按照相对顺序依次排序，且粘贴后的关键帧保持选中状态，如图3-15所示。

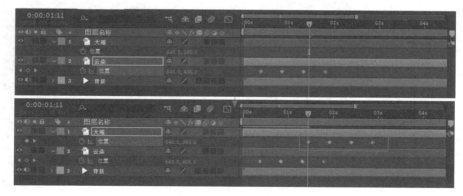

图3-15　复制与粘贴相同属性的关键帧

🔔 提示

在相同的属性之间复制、粘贴关键帧时，可以一次性复制多个属性到其他图层中；而在不同属性之间复制、粘贴关键帧时，只能一次复制一个属性到另一个属性中。

除了能在不同图层的相同属性之间复制、粘贴关键帧外，也可以在相同类型图层的不同属性（参数的数值类型相同，如位置属性和锚点属性都是两个纯数值参数）之间复制、粘贴关键帧。图3-16所示为复制"云朵"图层锚点属性的关键帧后,选择"大雁"图层位置属性,再执行粘贴关键帧操作。

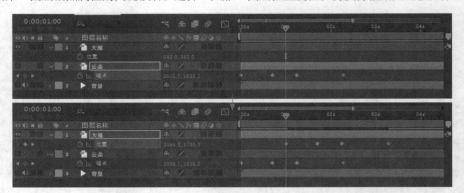

图3-16　复制与粘贴不同属性的关键帧

技能
提升

　　在现实生活中,物体在运动时通常会让眼睛产生模糊的视觉效果,因此,在AE中使用位置属性关键帧制作动画时,可开启运动模糊功能,用于模拟更逼真的运动效果,操作方法:在"时间轴"面板中单击"运动模糊"按钮█启用运动模糊功能,然后选择相应图层,并单击"图层开关"窗格中"运动模糊"按钮█下方的图标█开启运动模糊。

　　尝试为提供的素材(素材位置:技能提升\素材\第3章\火箭.png、太空.jpg)制作火箭飞行动画,并启用运动模糊功能让动画更具真实感,提升关键帧的应用技巧,开启运动模糊的前后对比效果如图3-17所示。

高清视频

图3-17　开启运动模糊的前后对比效果

3.2

# 编辑关键帧

　　利用关键帧制作好动态效果后,还可以通过编辑关键帧,如利用关键帧运动路径、图表编辑器等进一步调整关键帧的属性、变化速度等,使动态效果更加流畅、自然。

## 3.2.1 课堂案例——制作传统节目背景

**案例说明**：某传统文化节目组准备策划一个表演舞台，因此需要制作一个背景动画，用于在开场时进行播放，要求画面简洁、美观。为契合节目的主题，可采用水墨风的画作为背景，再适当添加动画效果，参考效果如图3-18所示。

**知识要点**：添加关键帧；关键帧运动路径；关键帧辅助。

**素材位置**：素材\第3章\传统节目背景素材\

**效果位置**：效果\第3章\传统节目背景.aep

高清视频

图3-18　参考效果

具体操作步骤如下。

**步骤 01** 新建项目文件，以及名称为"传统节目背景"、大小为"1280像素×720像素"、持续时间为"0:00:08:00"、背景颜色为"白色"的合成文件。

**步骤 02** 导入"传统节目背景素材"文件夹中的所有素材，将"背景.jpg""船.png"素材拖曳至"时间轴"面板中。

**步骤 03** 调整图层，让小船位于画面左下角，按【P】键显示位置属性，分别在0:00:00:00、0:00:02:00、0:00:04:00、0:00:06:00、0:00:07:24处添加关键帧，并分别调整小船所在的位置，制作出小船移动的动画。在"合成"面板中可查看运动路径，如图3-19所示。

**步骤 04** 选择"'转换'顶点工具"，单击从左往右的第2个锚点，可发现原本的折线路径变为曲线路径，且锚点周围出现了小圆点（即控制柄）。使用"选取工具"拖曳小圆点，可调整曲线的弧度，如图3-20所示。

图3-19　查看运动路径

图3-20　调整曲线的弧度

**步骤 05** 使用与步骤4相同的方法调整其他锚点及曲线的弧度，使小船的整体运动路径由折线变为曲线，再框选所有关键帧，按【F9】键将所有关键帧设置为缓动，使动画效果更加自然，关键帧形状变为 形状，如图3-21所示，小船的移动效果如图3-22所示。

图3-21　缓动关键帧

图3-22　小船的移动效果

步骤 **06** 将"云.png"素材拖曳至"时间轴"面板中，按两次【Ctrl+D】组合键复制图层，适当调整3朵云的位置和大小，如图3-23所示。

步骤 **07** 选择3朵云所在的图层，按【P】键显示位置属性，分别为3朵云在0:00:00:00、0:00:03:00、0:00:05:00、0:00:07:24处添加关键帧，并分别调整云的位置，制作出云移动的动画效果。结合"'转换'顶点工具" 和"选取工具" 分别调整3朵云的运动路径，如图3-24所示。

图3-23　调整云的大小和位置　　　　　　　图3-24　调整运动路径

步骤 **08** 框选3朵云所在图层中的所有关键帧，按【F9】键，将所有关键帧设置为缓动，云的移动效果如图3-25所示。

图3-25　云的移动效果

步骤 **09** 将"鸟1.png"素材拖曳至"时间轴"面板中，使用与步骤7相同的方法分别在0:00:00:00、0:00:03:00、0:00:05:00、0:00:07:24处添加位置属性的关键帧，然后制作小鸟飞行动画。

步骤 **10** 此时小鸟的飞行方向与运动路径并不契合，需要进行调整。选择【图层】/【变换】/【自动定向】命令，打开"自动方向"对话框，选中"沿路径定向"单选项，然后单击 ██████ 按钮。再按【R】键显示旋转属性，适当调整旋转属性，使其与运动路径的方向相同，前后对比效果如图3-26所示。

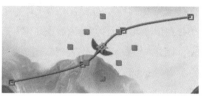

图3-26　前后对比效果

步骤 11 将"鸟2.png"素材拖曳至"时间轴"面板中，再分别复制"鸟1.png""鸟2.png"图层，然后使用与步骤7和步骤10相同的方法制作小鸟飞行动画，并调整小鸟飞行的方向，动画效果如图3-27所示。

图3-27　小鸟飞行动画效果

步骤 12 按【Ctrl+S】组合键保存文件，并设置名称为"传统节目背景"。

## 3.2.2 编辑关键帧属性

选择需要编辑的关键帧，然后在其上单击鼠标右键，在弹出的快捷菜单中可通过选择相应的命令来编辑关键帧的其他属性。

- "切换定格关键帧"命令：选择该命令，可将该关键帧切换为定格关键帧，此时关键帧图标变为 ◀ 形状。在动画播放至该定格关键帧时对应的属性将停止变化，再次选择该命令可将该关键帧恢复为普通关键帧。
- "关键帧插值"命令：选择该命令，可打开"关键帧插值"对话框，然后设置关键帧插值方法。
- "漂浮关键帧"命令：选择该命令，可均匀化空间属性（可以改变与时间和位置有关的属性，如位置、锚点）的运动速度。
- "关键帧速度"命令：选择该命令，可打开"关键帧速度"对话框，修改关键帧的进入和输出速度。
- "关键帧辅助"命令：选择该命令后，在弹出的子菜单中选择"时间反向关键帧"命令，可使选择的多个关键帧反向排序；选择"缓入"命令或按【Shift+F9】组合键，关键帧图标变为 ▶ 形状，使动画入点变得平滑；选择"缓出"命令或按【Ctrl+Shift+F9】组合键，关键帧图标变为 ◀ 形状，使动画出点变得平滑；选择"缓动"命令或按【F9】键，关键帧图标变为 ▮ 形状，使变化效果变得平滑。

🔔 提示

选择"选取工具" ▶ ，选择3个或3个以上关键帧，按住【Alt】键，将鼠标指针移至最左或最右侧的关键帧上方，按住鼠标左键并向左或向右拖曳，可扩展或收缩该组关键帧，每个关键帧之间的距离将等比例缩放，从而改变这组关键帧的持续时间。

### 3.2.3 设置关键帧运动路径

当为对象的空间属性制作动态变化效果后，系统将自动生成一个运动路径，选择该对象时，在"合成"面板中可查看到该对象的运动路径。图3-28左图所示的运动路径由关键帧（方框）和帧（方框之间的小圆点）组成，帧之间的密度也代表着关键帧之间的相对速度，单击某个关键帧时，可同时选中"时间轴"面板中的关键帧；锚点表示当前时间点对象所在的位置，同时对应图3-28右图中的"时间轴"面板时间指示器所在的时间点。

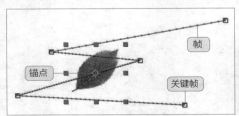

图3-28 关键帧对应的运动路径

> 🔔 **提示**
>
> 默认情况下，关键帧运动路径在"合成"面板中呈显示状态，选择【视图】/【视图选项】命令或按【Ctrl+Alt+U】组合键，打开"视图选项"对话框，在其中可设置运动路径、手柄、运动路径切线等其他相关控件在"合成"面板中的显示或隐藏状态。

#### 1. 移动关键帧运动路径中的锚点

通过移动关键帧路径中的锚点可改变对应关键帧的参数，操作方法：选择"选取工具" ▶，将鼠标指针移至锚点上方，单击锚点后，按住鼠标左键并拖曳，可直接改变该关键帧的参数，如图3-29所示。

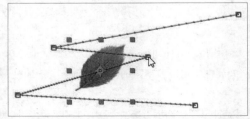

图3-29 移动关键帧运动路径中的锚点

#### 2. 关键帧运动路径自动定向

在制作一些对象需要改变方向的移动动画时，如制作汽车行驶动画时，若是汽车的移动方向一直保持不变，动画效果会较为僵硬、不真实。为了解决该问题，除了可单独为运动的对象创建旋转属性的关键帧外，还可直接使用自动定向功能调整对象的转向，操作方法：选择对象所在的图层，选择【图层】/【变换】/【自动定向】命令或按【Ctrl+Alt+O】组合键，打开"自动方向"对话框，如图3-30所示，选中"沿路径定向"单选项，单击 确定 按钮，使对象能够根据曲线路径改变方向，图3-31所示为汽车根据曲线路径改变行驶方向的前后效果对比。

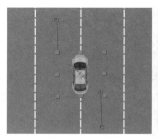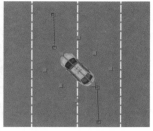

图3-30　"自动方向"对话框　　　　　图3-31　运用自动定向前后效果对比

> **提示**
>
> 当关键帧运动路径中的关键帧数量过多时，为避免计算机卡顿，可选择【编辑】/【首选项】/【显示】命令，打开"首选项"对话框，在"显示"选项卡中通过限制运动路径的时长或关键帧数量，减少显示关键帧控件。

## 3.2.4 课堂案例——制作影视剧片头

案例说明："斑驳的岁月"影视剧拍摄结束，需要为该影视剧制作片头，用于奠定整部剧的基调。要求采用拍摄的画面作为主要内容，并展现影视剧名称、导演、制片、监制、编剧、主演等重要信息，参考效果如图3-32所示。

高清视频

知识要点：关键帧图表编辑器；关键帧插值；添加关键帧；修改关键帧。

素材位置：素材\第3章\影视剧片头

效果位置：效果\第3章\影视剧片头.aep

图3-32　影视剧片头参考效果

> **设计素养**
>
> 在影视剧的创作中，片头起着画龙点睛的作用，可用于确立整部影视剧的风格、奠定整部剧的基调等。制作流程可分为以下5个步骤：① 确定片头的主题；② 寻找相应的视频素材和装饰素材等；③ 分析素材并构思具体的画面；④ 按照计划进行制作并添加背景音乐；⑤ 完成制作后将其导出成相应的格式。

具体操作步骤如下。

视频教学：
制作影视剧
片头

步骤 01 新建项目文件，以及名称为"影视剧片头"、大小为"1280像素×720像素"、持续时间为"0:00:16:00"、背景颜色为"白色"的合成文件。

步骤 02 导入"影视剧片头"文件夹中的所有素材，然后将"城市.mp4"素材拖曳至"时间轴"面板中，并设置持续时间为"0:00:06:00"。

步骤 03 将"车流.mp4""人物.mp4"素材拖曳至"时间轴"面板中，分别设置伸缩为"60%"和"30%"、图层入点为"0:00:06:00"和"0:00:09:13"，然后分别在0:00:09:13和0:00:15:24处拆分图层并删除上方图层，如图3-33所示。

图3-33  调整图层的时间与速度

步骤 04 使用"横排文字工具" 在画面右上角输入"斑驳的岁月"文字，设置字体为"方正品尚中黑简体"、填充颜色为"白色"、文字大小为"120像素"。按【T】键显示不透明度属性，分别在0:00:02:00和0:00:05:00处添加不透明度为"0%"的关键帧，在0:00:04:00和0:00:04:14处添加不透明度为"100%"的关键帧，使文字在完整显示14帧后逐渐消失。

步骤 05 使用"向后平移（锚点）工具" 将文本图层的锚点拖曳至画面右上角，然后按【S】键显示缩放属性，分别在0:00:02:00和0:00:03:14处添加缩放为"500，500%"和"100，100%"的关键帧，制作出逐渐缩小的动画，效果如图3-34所示。

图3-34  文字逐渐缩小的动画效果

步骤 06 单击"时间轴"面板中的"图表编辑器"按钮 ，"时间轴"面板右侧的图层模式切换为图表编辑器，然后单击缩放属性，在图表编辑器中显示一条斜线，表示缩放属性的参数变化，如图3-35所示。

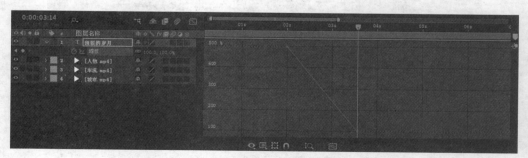

图3-35  在图表编辑器中显示缩放属性的参数变化

**步骤 07** 选择"添加'顶点'工具" ，然后将鼠标指针移至斜线中间，单击以添加锚点，如图3-36所示。再选择"'转换'顶点工具" ，单击斜线中间的锚点以改变锚点的类型，锚点两侧将显示控制柄。

**步骤 08** 选择"选取工具" ，先将锚点向左侧拖曳，使得动画播放速度由快变慢。然后拖曳锚点两侧的控制柄，适当调整控制柄的位置，如图3-37所示，使动画变化得更加自然。

**步骤 09** 单击"图表编辑器"按钮 切换为图层模式，可发现在添加锚点的对应时间点上自动创建了图标为 的关键帧，如图3-38所示。

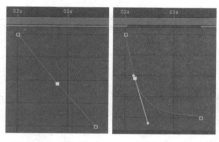

图3-36　添加锚点　　图3-37　调整控制柄的位置

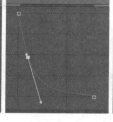

图3-38　切换为图层模式

**步骤 10** 使用"横排文字工具" 在画面右下角输入"导演：程青 制片：代溢"文字，适当调整文字的大小和位置。按【T】键显示不透明度属性，分别在0:00:05:00和0:00:08:00处添加不透明度为"0%"的关键帧，在0:00:06:13和0:00:07:06处添加不透明度为"100%"的关键帧。

**步骤 11** 选择文本图层，按【P】键显示位置属性，分别在0:00:05:00和0:00:08:00处添加关键帧，然后适当调整文字的位置，制作出从下至上的动画效果，如图3-39所示。

图3-39　文字从下至上的动画效果

**步骤 12** 单击"图表编辑器"按钮 切换为图表编辑器，选择位置属性，使用"添加'顶点'工具" 在斜线上创建两个锚点，然后使用"选取工具" 调整两个锚点的位置，如图3-40所示，以加快文字在出现和消失时的速度。

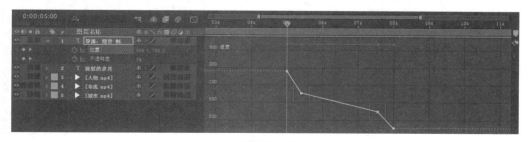

图3-40　调整两个锚点的位置

**步骤 13** 单击"图表编辑器"按钮切换为图层模式，选择步骤10创建的文本图层，按两次【Ctrl+D】组合键复制该图层，分别修改文字为监制、编剧和主演的信息，再使用"选取工具"适当调整关键帧的位置，如图3-41所示。

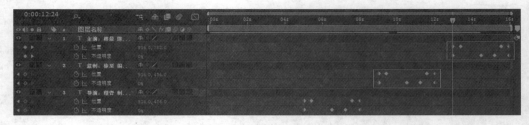

图 3-41 调整关键帧的位置

**步骤 14** 由于复制的文本图层较宽，超出了画面，因此需要进行调整。单击"图表编辑器"按钮切换为图表编辑器，选择两个图层的位置属性，在按住【Shift】键的同时使用"选取工具"向下拖曳横线，让文字完全显示，如图3-42所示，再使用相同的方法将所有的横线都向下拖曳相同的距离。

图 3-42 让文字完全显示

**步骤 15** 关闭"车流.mp4"视频的声音，按【Ctrl+S】组合键保存文件，并设置名称为"影视剧片头"。

## 3.2.5 认识关键帧图表编辑器

单击"时间轴"面板中的"图表编辑器"按钮或按【Shift+F3】组合键可将图层模式切换为图表编辑器。图表编辑器使用二维图表示对象的属性变化，其中，水平方向的数值表示时间，垂直方向的数值表示属性的参数值。在"时间轴"面板中选择对象的某个属性，将会在图表编辑器中显示该属性的关键帧图表，图3-43所示为选择位置属性后的图表编辑器，其中，实心方框代表选中的关键帧，空心方框代表未被选中的关键帧，将鼠标指针移至连接关键帧的线条上会显示在该时间点上的具体属性参数。

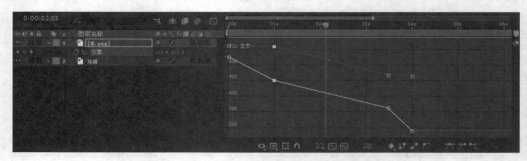

图 3-43 选择位置属性后的图表编辑器

### 1. 选择显示在图表编辑器中的属性

单击图表编辑器下方的■按钮，在弹出的菜单中可选择显示在图表编辑器中的属性。选择"显示选择的属性"命令可显示所选择的属性；选择"显示动画属性"命令可显示所选图层中所有存在关键帧的属性；选择"显示图表编辑器集"命令可显示所有在图表编辑器集中的属性。

> 🔔 **提示**
>
> 当某个属性的"时间变化秒表"按钮■呈激活状态时，单击该按钮右侧的■按钮可将该属性添加在图表编辑器中。

### 2. 选择图表类型和选项

单击图表编辑器下方的■按钮，可在弹出的图3-44所示的菜单中选择图表类型和相关命令。对于时间属性（不能改变位置属性，只能改变时间的属性，如不透明度）默认显示值图表，如图3-45所示；对于空间属性默认显示速度图表，如图3-46所示。

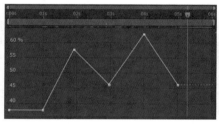

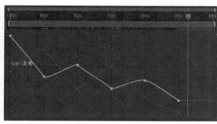

图3-44　菜单　　　　　　　图3-45　值图表　　　　　　　图3-46　速度图表

- 自动选择图表类型：用于自动为属性选择适当的图表类型。
- 编辑值图表或编辑速度图表：用于进入值图表模式或速度图表模式。
- 显示参考图表：选择该命令将在图表编辑器后方显示未选择的图表类型作为参考，且不可进行编辑，图表编辑器右侧的数字表示参考图表的值。
- 显示音频波形：用于显示至少具有一个属性的任意图层的音频波形。
- 显示图层的入点/出点：用于显示具有属性的所有图层的入点和出点。
- 显示图层标记：用于显示至少具有一个属性的图层标记。
- 显示图表工具技巧：用于显示图表工具提示。
- 显示表达式编辑器：用于显示表达式编辑器中的表达式。
- 允许帧之间的关键帧：用于允许在两帧之间放置关键帧以调整动画。

### 3. 使用变换框调整多个关键帧

单击图表编辑器下方的■按钮，可使用变换框框选多个关键帧，同时对它们进行调整，如图3-47所示。

### 4. 开启"对齐"功能

单击图表编辑器下方的"对齐"按钮■，在拖曳关键帧时，该关键帧会自动与关键帧值、关键帧时间、当前时间、入点和出点等位置对齐，且会显示一条橙色的线条以指示对齐到的对象，如图3-48所示。除此之外，在按住【Ctrl】键的同时拖曳关键帧也能达到同样的效果。

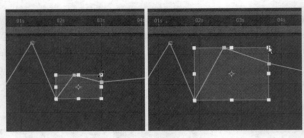

图3-47　使用变换框同时调整多个关键帧　　　　　图3-48　使用"对齐"功能对齐帧

#### 5. 调整图表的高度和刻度

单击图表编辑器下方的"自动缩放图表高度"按钮 ，可自动缩放图表的高度，以适合查看和编辑关键帧；单击图表编辑器下方的"使选择适于查看"按钮 ，可调整图表的值和水平刻度，以适合查看和编辑所选择的关键帧；单击图表编辑器下方的"使所有图表适于查看"按钮 ，可调整图表的值和水平刻度，以适合查看和编辑所有关键帧。

#### 6. 将位置属性分为单独尺寸

选择位置属性，单击图表编辑器下方的"单独尺寸"按钮 ，可将该属性分为"X位置"和"Y位置"两个属性，如图3-49所示，可以分别调整图层上对象在不同方向上的变化速度。

> 🔔 **提示**
>
> 当图层为三维图层时，单击 按钮可将位置属性分为"X位置""Y位置""Z位置"3个属性。

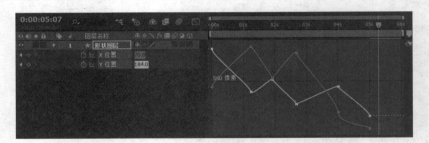

图3-49　将位置属性分为单独尺寸

#### 7. 在图表编辑器中拖曳关键帧

在图表编辑器中，使用"选取工具" 向左或向右拖曳关键帧，可改变关键帧的时间点位置；向上或向下拖曳关键帧，可改变该属性值的大小，图3-50所示分别为拖曳不透明度属性和位置属性关键帧的效果，右侧的黄色矩形中的△图标右侧的参数表示在源数值上减少（带有"−"号）或增加的数值。

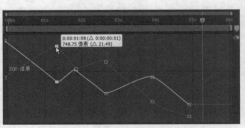

图3-50　在图表编辑器中拖曳关键帧

## 3.2.6　调整关键帧插值

通过调整关键帧插值可以为运动、效果、音频电平、图像调整、不透明度、颜色变化，以及其他视觉元素和音频元素调整变化效果。

### 1. 认识关键帧插值

插值是指在两个已知的属性值之间填充未知数据的过程。创建两个及两个以上不同参数的关键帧后，AE会自动在关键帧之间插入中间值，这个值就是插值。插值用来形成连续的动画。关键帧插值主要有临时插值和空间插值两种类型。

- 临时插值：指时间值的插值，影响着属性随着时间的变化方式（在"时间轴"面板中）。在图表编辑器中可以使用值图表（提供合成中任何时间点的关键帧值的完整信息）精确调整创建的时间属性关键帧，从而改变临时插值的计算方法。
- 空间插值：指空间值的插值，影响着运动路径的形状（在"合成"或"时间轴"面板中）。在位置等属性中应用或更改空间插值时，可以在"合成"面板中调整运动路径，运动路径上的不同关键帧可提供有关任何时间点的插值类型的信息。

### 2. 关键帧插值方法

使用关键帧制作动态效果后，若需要更精确地调整动画效果，可以选择更换关键帧插值方法。临时插值提供线性插值、贝塞尔曲线插值、连续贝塞尔曲线插值、自动贝塞尔曲线插值和定格插值5种计算方法；而空间插值只有临时插值的前4种计算方法。另外，所有插值方法都以贝塞尔曲线插值方法为基础，该方法提供控制柄，便于控制关键帧之间的过渡。各类插值的路径示意图如图3-51所示。

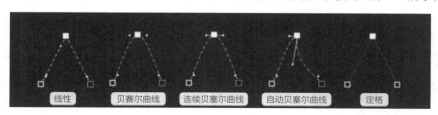

图3-51　各类插值的路径示意图

- 线性插值：指在关键帧之间创建统一的变化率，尽可能直接在两个相邻的关键帧之间插入值，不考虑其他关键帧的值。
- 贝塞尔曲线插值：可通过操控关键帧上的控制柄，手动调整关键帧任意一侧的值图表或运动路径段的形状。如果将贝塞尔曲线插值应用于某个属性中的所有关键帧，AE将在关键帧之间创建平滑的过渡。
- 连续贝塞尔曲线插值：用于通过关键帧创建平滑的变化速率。可以手动设置连续贝塞尔曲线的控制柄位置，以更改关键帧任意一侧的值图表或运动路径段的形状。
- 自动贝塞尔曲线插值：用于自动创建平滑的变化速率。当更改自动贝塞尔曲线关键帧的值时，系统将自动调整关键帧任意一侧的值图表或运动路径段的形状，以实现关键帧之间的平滑过渡。

### 🔔 提示

当手动调整自动贝塞尔曲线关键帧的方向手柄时，可将自动贝塞尔曲线关键帧转换为连续贝塞尔曲线关键帧。

● 定格插值：仅在作为时间插值方法时才可用，可以随时间更改图层属性的值，但动画的过渡不是渐变，而是突变，即一个关键帧的值在到达下一个关键帧之前将保持不变，但到达下一个关键帧后，值将立即发生更改。

**如何快速查看关键帧的插值方法？**

　　选中关键帧后，按【Ctrl+2】组合键打开"信息"面板，其中会显示具体的插值方法。另外，也可以通过关键帧图标的外观来进行判断，如◆图标代表线性插值，▮图标代表连续贝塞尔曲线插值或贝塞尔曲线插值，▮图标代表自动贝塞尔曲线插值，▮图标代表定格插值。

### 3. 应用和更改关键帧插值方法

在AE中，可以通过以下4种方法应用和更改任何关键帧插值方法。

● 使用图表编辑器中的按钮：选择单个或多个关键帧后，单击▮按钮，可将选定的关键帧插值转换为定格插值；单击▮按钮，可将选定的关键帧插值转换为线性插值；单击▮按钮，可将选定的关键帧插值转换为自动贝塞尔曲线插值。

● 使用对话框：在图层模式或图表编辑器模式下，选择需要更改的关键帧，然后选择【动画】/【关键帧插值】命令或按【Ctrl+Alt+K】组合键，打开图3-52所示的"关键帧插值"对话框，可保留已应用于选定关键帧的插值方法或选择新的插值方法。当选择了空间属性的关键帧时，可使用"漂浮"下拉列表框中的选项来改变所选关键帧的时间位置：选择"漂浮穿梭时间"选项可根据离选定关键帧前后最近的关键帧的位置，自动变化选定关键帧在时间上的位置，从而平滑选定关键帧之间的变化速率；选择"锁定到时间"选项可将选定关键帧保持在其当前的时间位置。

图3-52 "关键帧插值"对话框

● 使用"选取工具"▶：在图层模式下，选择"选取工具"▶，如果关键帧使用的是线性插值，在按住【Ctrl】键的同时单击该关键帧，可将线性插值更改为自动贝塞尔曲线插值。如果关键帧使用的是贝塞尔曲线插值、连续贝塞尔曲线插值或自动贝塞尔曲线插值，在按住【Ctrl】键的同时单击该关键帧，可将插值方法更改为线性插值。

● 使用"转换'顶点'工具"▮：在图表编辑器中，选择"转换'顶点'工具"▮，在关键帧上单击或按住鼠标左键并拖曳，可将线性插值更改为贝塞尔曲线插值，如图3-53所示；使用"转换'顶点'工具"▮单击贝塞尔曲线插值关键帧时，会将贝塞尔曲线插值更改为线性插值。

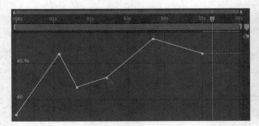
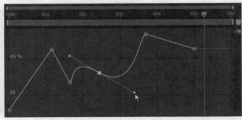

图3-53 使用"转换'顶点'工具"更改插值

　　添加定格插值关键帧可以使图层的某个属性突然发生改变，而不会在关键帧之间产生过渡的变化过程，常用于制作闪光灯、定格放大等动画效果。尝试为提供的素材（素材位置：技能提升\素材\第3章\人物视频.mp4）制作定格放大2秒后又缩小的动画，从而掌握定格插值关键帧的操作技巧，参考效果如图3-54所示。

高清视频

图3-54　调整关键帧插值后的人物参考效果

# 3.3 课堂实训

## 3.3.1　制作动态宣传广告

### 1. 实训背景

　　某凉皮店即将开业，店家准备制作一则动态广告投放到各大平台中，以增强宣传力度，吸引更多消费者前来享用美食。要求画面层次分明，突出显示店铺的招牌凉皮，并写明店铺的地址、电话、营业时间等信息，尺寸要求为900像素×1600像素。

### 2. 实训思路

　　（1）动画构思。该广告需要在第一时间吸引人的注意，因此可以在开头展示招牌凉皮，并通过旋转的动态效果吸引消费者注意的同时，勾起消费者的食欲；然后点明广告主题，再展示出店铺的相关信息，可通过不透明度和位置属性等制作相关的动画。

高清视频

　　（2）画面构思。可在画面左下角放置商品的图像，右上角放置主题文字"秘制凉皮"，使整体画面更加协调、更具立体感；然后可在画面左上角展示出其他次要文字信息，画面右下角可添加装饰元素完善画面。

　　本实训的参考效果如图3-55所示。

　　素材位置：素材\第3章\动态宣传广告.psd

　　效果位置：效果\第3章\动态宣传广告.aep

**图 3-55　制作动态宣传广告参考效果**

3. 步骤提示

视频教学：
制作动态宣传
广告

　　**步骤 01** 新建项目文件，导入"动态宣传广告.psd"素材，并在"动态宣传广告.psd"对话框中设置导入种类为"合成－保持图层大小"。在"项目"面板中修改持续时间为"0：00：08：00"、背景颜色为"白色"。

　　**步骤 02** 双击打开合成文件，适当调整各元素的位置，为"背景"图层添加不透明度属性的关键帧，制作出逐渐显示的动画。

　　**步骤 03** 为"食物"图层添加位置、不透明度和旋转属性的关键帧，制作从画面外旋转移动至画面内逐渐显示的动态效果。再利用关键帧图表编辑器适当调整该图层的旋转速度，使其速度由快变慢。

　　**步骤 04** 分别为"文字背景"图层和"装饰"图层添加位置属性的关键帧，制作从上至下和从下至上移动的动画，再通过不透明度属性为标题文字制作逐渐显示的动画。

　　**步骤 05** 通过不透明度属性和位置属性为左上角的3段文字制作从左至右移动的动画，并适当调整关键帧的位置，使这3段文字逐步显示。

　　**步骤 06** 按【Ctrl+S】组合键保存文件，并设置名称为"动态宣传广告"。

## 3.3.2　制作综艺节目包装

1. 实训背景

　　某平台准备策划一个《欢乐大挑战》的综艺节目，因此需要为其设计制作节目包装，在展现节目名称的同时，吸引观众的视线。要求视频整体的色彩明亮、鲜艳，达到醒目且美观的效果，尺寸要求为1280像素×720像素。

2. 实训思路

　　（1）色彩构思。综艺节目通常是热闹、兴奋的，因此可采用高饱和度的紫色为主色调，搭配鲜亮的黄色作为文字背景，以突出主体文字。

　　（2）元素动画设计。为丰富节目包装效果，可为不同的元素设计制作相应的动画，加强视觉表现力。如为山峰制作逐步出现的动画，为月亮制作旋转并逐渐显示的动画，为云朵制作移动的动画等，并利用缓动关键帧调整动画效果，使效果更加自然。

本实训的参考效果如图3-56所示。

高清视频

图3-56 制作综艺节目包装参考效果

素材位置：素材\第3章\综艺节目包装.psd、综艺节目包装音乐.mp3

效果位置：效果\第3章\综艺节目包装.aep

3．步骤提示

**步骤 01** 新建项目文件，导入"综艺节目包装.psd"素材，并在"综艺节目包装.psd"对话框中设置导入种类为"合成 – 保持图层大小"，选中"可编辑的图层样式"单选项。在"项目"面板中修改持续时间为"0:00:08:00"。

**步骤 02** 选择3个山峰图层，通过位置属性关键帧制作向上移动的动画，并适当调整关键帧的位置，使山峰逐个出现。

**步骤 03** 选择3个球体图层，设置"球体1"图层为另外两个图层的父级图层，然后通过调整旋转、缩放和不透明度属性为"球体1"图层制作旋转放大并逐渐显示的动画。

视频教学：
制作综艺节目
包装

**步骤 04** 选择两个云朵图层和3个高光图层，调整图层入点，通过位置属性为其制作移动动画，在"合成"面板中调整运动路径，再利用缓动关键帧调整动画效果。

**步骤 05** 选择两个装饰图层和文本所在的图层，通过调整缩放和不透明度属性制作放大并逐渐显示的动画。

**步骤 06** 导入"综艺节目包装音乐.mp3"素材并将其拖曳至"时间轴"面板中，按【Ctrl+S】组合键保存文件，并设置名称为"综艺节目包装"。

## 3.4
## 课后练习

练习 **1** 制作新闻类节目片头

"朝暮新闻"作为老牌的新闻类节目，需要策划制作一个新的节目片头，要求在片头中添加"民生""时事""社会"等文字，尺寸为1280像素×720像素。在制作时可结合关键帧制作显示动画，并利用关键帧图表编辑器适当调整文字的不透明度变化速度，最后展示"朝暮新闻"主题文字，参考效果如图3-57所示。

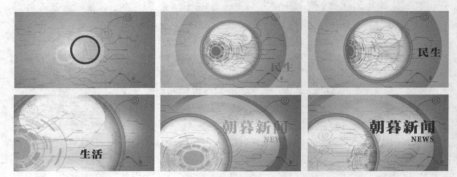

图3-57 制作新闻类节目片头参考效果

素材位置：素材\第3章\新闻类片头背景.mp4
效果位置：效果\第3章\新闻类节目片头.aep

## 练习 2 制作音频节目开场背景

某音乐节目需要制作一个与音乐相关的动态画面，作为开场时的背景。要求添加音符、五线谱等元素，并为这些元素制作相应的动画，尺寸为1280像素×720像素。在制作时可利用位置属性关键帧制作五线谱的移动动画，再利用运动路径制作音符跳动的效果，参考效果如图3-58所示。

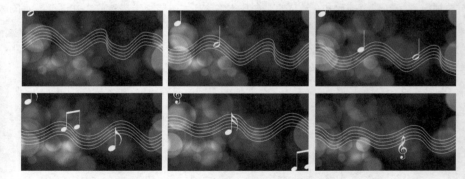

图3-58 制作音频节目开场背景参考效果

素材位置：素材\第3章\音频节目开场背景素材
效果位置：效果\第3章\音频节目开场背景.aep

# 第 **4** 章　应用文字与形状

在视频中应用文字能够快速、有效地传递关键信息，应用形状则能够增强视频画面的视觉冲击力，使其更为美观，因此文字与形状在影视后期合成中应用较多。AE提供了多种工具及命令来创建、编辑文字与形状，还可为其设计动画效果，以满足用户的视频编辑需求。

## 📖 学习目标
　◎ 掌握文字的应用方法
　◎ 掌握形状的应用技巧

## ✦ 素养目标
　◎ 探索文字对视频画面的影响
　◎ 通过形状动画的设计,提高创新能力

## ⬙ 案例展示

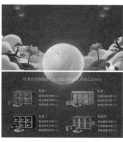

诗词节目展示动画　　　　　中秋活动电视广告　　　　　娱乐节目片头

## 应用文字

在电视节目、影视剧、宣传片和广告等视频中应用文字，不仅可以使画面看起来更加丰富，还能对画面中的内容起到说明的作用。

### 4.1.1 课堂案例——制作诗词节目展示动画

高清视频

**案例说明：**为弘扬传统文化，某节目组准备策划一期以"诗词"为主题的活动，因此需要制作展示动画作为节目包装。要求背景采用具有古典气息的水墨画，并将诗词展现在卷轴中，还可添加云雾效果作为装饰，使画面更具意境，参考效果如图4-1所示。

**知识要点：**创建与编辑点文字；创建与编辑段落文字；源文本动画。

**素材位置：**素材\第4章\水墨背景.jpg、卷轴.psd、云雾.png

**效果位置：**效果\第4章\诗词节目展示动画.aep

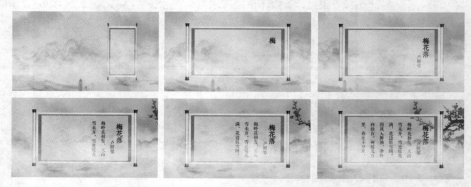

图4-1 制作诗词节目展示动画参考效果

具体操作步骤如下。

视频教学：
制作诗词节目
展示动画

**步骤 01** 新建项目文件，以及名称为"诗词节目展示动画"、大小为"1280像素×720像素"、持续时间为"0:00:10:00"、背景颜色为"白色"的合成。

**步骤 02** 导入"水墨背景.jpg""云雾.png"素材，将"水墨背景.jpg"素材拖曳至"时间轴"面板中，按【P】键显示位置属性，分别在0:00:00:00和0:00:09:24处添加关键帧，适当调整该图层的位置，制作出从右至左移动的效果。

**步骤 03** 导入"卷轴.psd"素材，并在"卷轴.psd"对话框中设置导入种类为"合成－保持图层大小"。双击打开"卷轴"合成，选择"卷轴左侧"图层，按【P】键显示位置属性，在0:00:02:00处添加关键帧，然后将时间指示器移至0:00:00:12处，在按住【Shift】键的同时使用"选取工具" 将卷轴向右拖曳，使其与"卷轴右侧"图像相重合。

**步骤 04** 选择"卷轴内容"图层，按【S】键显示缩放属性，单击"约束比例"按钮取消约束，然后分别在0:00:00:12和0:00:02:00处添加缩放为"0，100%"和"100，100%"的关键帧，制作出展开卷轴的效果。将"卷轴"合成拖曳至"诗词展示节目动画"合成中，并分别在0:00:00:00和0:00:00:12处添加不透明度为"0%"和"100%"的关键帧。卷轴展开的动画效果如图4-2所示。

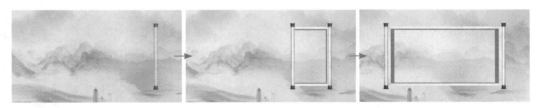

图4-2　卷轴展开的动画效果

**步骤 05** 选择"直排文字工具" ，选择【窗口】/【字符】命令，打开"字符"面板，设置字体为"方正清刻本悦宋简体"、填充颜色为"黑色"、字体大小为"60像素"、字符间距为"10"，再单击下方的"仿粗体"按钮 ，如图4-3所示。在卷轴内的右上侧单击定位文本插入点，然后输入"梅花落"文字，效果如图4-4所示。

**步骤 06** 将时间指示器移至0:00:02:10处，展开"梅花落"文本图层中的"文本"栏，单击源文本属性左侧的"时间变化秒表"按钮 添加关键帧。再将时间指示器移至0:00:02:05处，双击文本图层，在"合成"面板中修改文字为"梅花"，此时将自动在该时间点添加关键帧，如图4-5所示。

图4-3　设置字符属性

图4-4　输入文字（一）

图4-5　添加关键帧（一）

**步骤 07** 将时间指示器移至0:00:02:00处，使用与步骤6相同的方法修改文字为"梅"；再将时间指示器移至0:00:01:20处，删除所有文字，制作出文字逐个显示的效果，此时图层名称也变为"<空文本图层>"。为便于后续进行管理，将该图层名称修改为"梅花落"。

**步骤 08** 使用"直排文字工具" 在"梅花落"文字左下方输入"卢照邻"文字，然后在"字符"面板中修改字体大小为"40像素"，再单击"仿粗体"按钮 取消应用该样式，效果如图4-6所示。

**步骤 09** 使用与步骤6、步骤7相同的方法为"卢照邻"文本图层制作逐个显示的效果，并修改图层名称为"卢照邻"，关键帧位置分别为0:00:02:15、0:00:02:20、0:00:03:02和0:00:03:09，如图4-7所示。

图4-6　文字效果

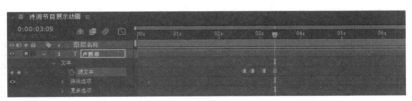

图4-7　添加关键帧（二）

步骤 **10** 选择"直排文字工具" T，在卷轴左上方按住鼠标左键，然后向右下方拖曳绘制一个图4-8所示的文本框。若绘制的文本框大小不合适，可使用"选取工具" ▶ 拖曳文本框四周的锚点进行调整。

步骤 **11** 在文本框中输入图4-9所示的文字，在"字符"面板中设置行距为"80像素"。

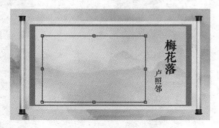 

图4-8　绘制文本框　　　　　　　　　　　　　　　　　图4-9　输入文字（二）

步骤 **12** 使用与步骤6、步骤7相同的方法为步骤10创建的文本图层在图4-10所示位置添加源文本属性关键帧，并分别调整在不同关键帧时的文本内容，制作出每秒显示一列的效果，再将该文本图层的名称修改为"内容"，效果如图4-11所示。

图4-10　添加关键帧（三）

图4-11　诗词展示效果

步骤 **13** 按【Ctrl+S】组合键保存文件，并设置名称为"诗词节目展示动画"。

## 4.1.2　创建与编辑文字

在AE中，可以使用"横排文字工具" T 和"直排文字工具" T 创建横排或竖排的文字，并根据需要设置文字的字体、大小、颜色等参数。

### 1. 创建文字

点文字以单击点为文本插入点，输入点文字时，每行文本的长度会增加，但不会自动换行，需要手动换行，比较适合输入少量文字的画面。而段落文字以文本框的大小为范围，输入段落文字时，每行文字会根据文本框的大小自动换行，比较适合输入大量文字的画面。基于这种特点，创建点文字与段落文字的方法也有所不同。

- 创建点文字：选择"横排文字工具"T或"直排文字工具"IT，在"合成"面板中的任意位置单击，可直接输入点文字，如图4-12所示。输入完成后，按【Ctrl+Enter】组合键，或直接单击"时间轴"面板中的空白区域，或选择"选取工具"▶完成输入。
- 创建段落文字：选择"横排文字工具"T或"直排文字工具"IT，在"合成"面板中按住鼠标左键并拖曳形成一个文本框，可以在文本框中输入段落文字，当一行排满后将会自动跳转到下一行，如图4-13所示。输入完成后，使用和创建点文字相同的方法可结束文字输入状态。

图4-12 输入点文字

图4-13 输入段落文字

2. 编辑文字

创建好文字后，可通过"字符"面板和"段落"面板编辑文字，使文字的显示效果更加美观。

（1）"字符"面板

选择【窗口】/【字符】命令，或按【Ctrl+6】组合键，打开图4-14所示的"字符"面板，在其中可设置文字的基本属性，包括文本的字体、字体大小和颜色等。

- 字体系列：用于设置字体系列。
- 字体样式：用于设置字体系列的样式，如常规、斜体、粗体和细体。
- "吸管工具"按钮 ✐：单击该按钮后，可在屏幕中的任意位置单击进行颜色取样。

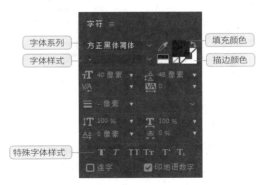

图4-14 "字符"面板

🔔 提示

　　当计算机中的字体系列较多时，单击字体系列右侧的下拉按钮✓，在打开的下拉列表中单击字体名称左侧的☆图标可将其收藏，收藏后可单击该下拉列表上方的"显示收藏夹"按钮，在收藏夹中快速应用收藏的字体。

- ▬ 按钮：单击对应的黑色或白色色块，可快速将填充颜色或描边颜色设置为黑色或白色。
- 填充颜色：用于设置文字的填充颜色，单击色块可以打开"文本颜色"对话框，从中可选择文字的颜色。
- 描边颜色：用于设置文字的描边颜色，设置方法与填充颜色的相同。
- "交换填充和描边"按钮 ↻：单击该按钮后，可快速交换填充颜色和描边颜色。
- "没有填充/描边颜色"按钮 ⊘：单击该按钮后，可取消填充颜色或描边颜色。
- 字体大小 T：用于设置字号。

- 行距 : 用于设置文字的行间距，设置的值越大，行间距越大；值越小，行间距越小；选择"自动"选项时系统将自动调整行间距。

- 字偶间距 : 用于使用度量标准字偶间距或视觉字偶间距来微调文字的间距，使用文字工具在两个字符之间单击定位插入点后可进行设置。默认情况下使用度量标准字偶间距。

- 字符间距 : 用于设置所选字符的间距。

- 描边宽度 : 用于设置字体描边宽度，在右侧的下拉列表框中可控制描边的位置。

- 垂直缩放 : 用于设置文字的垂直缩放比例。

- 水平缩放 : 用于设置文字的水平缩放比例。

- 基线偏移 : 用于设置文字的基线偏移量，输入正数值字符将往上移，输入负数值字符将往下移。

- 比例间距 : 用于以百分比的方式设置两个字符的间距。

- 特殊字体样式：用于设置文字的特殊字体样式，从左到右依次为仿粗体、仿斜体、全部大写字母、小型大写字母、上标、下标，单击相应按钮即可进行应用。其中，"小型大写字母"样式不会更改最初以大写形式输入的字符。

- 连字：若所选字体具有连字属性，选中该复选框，可使字体连字显示。

- 印地语数字：选中该复选框，可使用印地语数字。

---

**疑难解答**

**在输入直排文字时，如何调整数字、英文等字符的显示方向？**

在直排文字中，数字、英文等字符将默认旋转90°，若要使其横向显示，可选择这些字符，然后单击"字符"面板右上角的 按钮，在弹出的下拉列表中选择"直排内横排"选项，将它们以正确的角度进行显示。

---

（2）"段落"面板

在"段落"面板中可为文本设置段落样式，包括段落的对齐方式、缩进方式等。选择【窗口】/【段落】命令，打开图4-15所示的"段落"面板。

- 对齐方式：从左到右依次为左对齐文本、居中对齐文本、右对齐文本、最后一行左对齐、最后一行居中对齐、最后一行右对齐、两端对齐（若选中了直排文字，"段落"面板中的对齐方式从左到右依次为顶对齐文本、居中对齐文本、底对齐文本、最后一行顶对齐、最后一行居中对齐、最后一行底对齐、两端对齐）。

图4-15　"段落"面板

- 缩进左边距：用于设置横排文字的左缩进值或直排文字的顶端缩进值。

- 段前添加空格：用于设置当前段与上一段之间的距离。

- 首行缩进：用于设置段落的首行缩进值。

- 缩进右边距：用于设置横排文字的右缩进值或直排文字的底端缩进值。

- 段后添加空格：用于设置当前段与下一段之间的距离。

- 文本方向：用于设置段落文本从左到右或从右到左排列。

🔔 **提示**

在使用"字符"面板或"段落"面板编辑文字时，可选择文本图层后修改所有文字，也可以双击激活文本图层后再选择部分文字进行调整。

## 4.1.3 制作源文本动画

源文本动画是指在同一个文本图层中改变文本内容的动画，常用于制作打字效果、倒计时效果、对白形式的字幕效果等。其制作方法：在"合成"面板中输入文本内容后，在"时间轴"面板中展开该文本图层的"文本"栏，单击源文本属性左侧的"时间变化秒表"按钮 🕑 添加关键帧，然后将时间指示器移动到一定位置后直接修改文本内容，此时系统将自动添加相应的关键帧，当视频播放到该帧时，文本内容将直接发生变化，从而形成动画效果。

## 4.1.4 课堂案例——制作中秋活动电视广告

案例说明：临近中秋节，秋斋月饼旗舰店准备推出4款月饼礼盒，为加大宣传力度，需要制作中秋活动广告，并将其投放到电视中，以吸引消费者进店购买。要求广告画面中包含中秋元素，并展示出活动的主要内容，视频大小为1280像素×720像素，时长为15秒，参考效果如图4-16所示。

高清视频

知识要点：创建与编辑段落文字；为文本图层添加动画属性。

素材位置：素材\第4章\中秋活动广告素材

效果位置：效果\第4章\中秋活动电视广告.aep

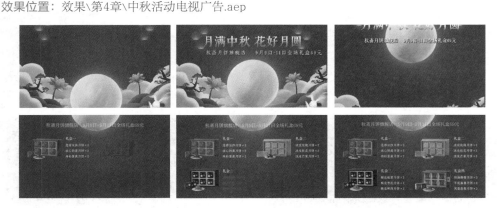

**图4-16 制作中秋活动电视广告参考效果**

✍ **设计素养**

电视广告按播出类型可分为节目广告、插播广告、冠名广告。在制作电视广告时，为吸引观众的注意，需要强化视觉效果，因此需要视频画面色彩明亮鲜艳，文字内容简明扼要，且突出重点信息，让观众对广告内容能够一目了然。

具体操作步骤如下。

视频教学：
制作中秋活动
电视广告

步骤 **01** 新建项目文件，导入"中秋背景.psd"素材，并在"中秋背景.psd"对话框中设置导入种类为"合成－保持图层大小"。在"项目"面板中修改"中秋背景"合成的名称为"中秋活动电视广告"，持续时间设为"0:00:15:00"。

步骤 **02** 双击打开"中秋活动电视广告"合成，选择"装饰"图层，按【T】键显示不透明度，然后分别在0:00:00:00和0:00:00:12处添加值为"0%"和"100%"的关键帧。

步骤 **03** 选择"月球""灯笼"图层，按【P】键显示位置属性，分别在0:00:00:00和0:00:01:00处添加关键帧，然后分别为这两个图层制作从下至上和从上至下移动的动画，效果如图4-17所示。

图4-17 动画效果(一)

步骤 **04** 使用"横排文字工具" T 在画面上方输入"月满中秋 花好月圆"文字，设置字体为"方正清刻本悦宋简体"、字体大小为"100像素"、填充颜色为"#FFFFFFF"，然后为其应用"渐变叠加"图层样式，并设置渐变颜色为"#FF7D0A~#FAF9CD"。

步骤 **05** 展开文本图层，单击"文本"栏右侧的"动画"按钮 ，在弹出的菜单中选择"字符间距"命令，在"文本"栏中将出现"动画制作工具 1"栏，且在其中添加字符间距大小属性，然后分别为该属性在0:00:01:00和0:00:02:00处添加值为"100"和"0"的关键帧，如图4-18所示。

步骤 **06** 单击"动画制作工具 1"栏右侧的"添加"按钮 ，在弹出的菜单中选择【属性】/【不透明度】命令，该栏中将添加不透明度属性，然后分别为该属性在0:00:01:00和0:00:02:00处添加值为"0%"和"100%"的关键帧，动画效果如图4-19所示。

图4-18 添加关键帧(四)

图4-19 动画效果(二)

步骤 **07** 使用"横排文字工具" T 在文字下方输入"秋斋月饼旗舰店 9月9日~9月11日全场礼盒69元"文字，设置字体大小为"40像素"，然后为其应用"投影"图层样式，并保持默认设置。

步骤 **08** 展开"月满中秋 花好月圆"图层，选择"动画制作工具 1"栏，按【Ctrl+C】组合键复制，然后将时间指示器移至0:00:02:00处，选择步骤07创建的文本图层，按【Ctrl+V】组合键粘贴，再按【U】键显示关键帧，如图4-20所示。

步骤 **09** 选择所有图层，按【P】键显示位置属性，分别在0:00:04:00和0:00:05:00处添加关键帧，然后在0:00:05:00处向下拖曳"装饰"图层至画面外，向上拖曳其他图层，并保留月球的下半部分及让活动文字在画面最上方，动画效果如图4-21所示。

图4-20　复制关键帧

图4-21　动画效果（三）

**步骤 10** 导入"礼盒1.png"～"礼盒4.png"素材，将"礼盒1.png"素材拖曳至"时间轴"面板中，适当调整大小，按【T】键显示不透明度属性，然后分别在0:00:05:00和0:00:05:12处添加值为"0%"和"100%"的关键帧。

**步骤 11** 使用"横排文字工具"T 在礼盒右侧输入"礼盒一"文字，设置字体大小为"30像素"。展开该文本图层，通过"动画"按钮 分别在0:00:05:12和0:00:06:00处添加不透明度为"0%""100%"和字符间距为"60""0"的关键帧。

**步骤 12** 使用"横排文字工具"T 在"礼盒一"文字下方输入"礼盒内容.txt"素材中的礼盒一的内容，然后展开该文本图层，单击"文本"栏右侧的"动画"按钮 ，在弹出的菜单中选择"模糊"命令，然后在"动画制作工具 1"栏中分别为模糊属性在0:00:06:00和0:00:07:00处添加值为"100，100"和"0，0"的关键帧。然后分别为不透明度属性在0:00:06:00和0:00:07:00处添加值为"0%"和"100%"的关键帧，动画效果如图4-22所示。

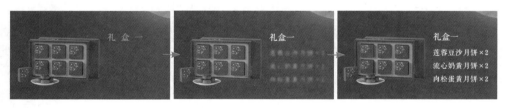

图4-22　动画效果（四）

**步骤 13** 将其余的礼盒素材拖曳至"时间轴"面板中，适当调整大小，并分别在0:00:07:00、0:00:09:00和0:00:11:00处添加不透明度为0%的关键帧，在0:00:07:12、0:00:09:12和0:00:11:12处添加不透明度为"100%"的关键帧。

**步骤 14** 复制"礼盒一"文本图层及礼盒文字内容所在的图层，修改相应文字内容，并将礼盒图像与文字描述放置在一起，然后按【U】键显示关键帧，再调整关键帧的位置，如图4-23所示，使不同礼盒的信息逐个进行展现，效果如图4-24所示。

**步骤 15** 按【Ctrl+S】组合键保存文件，并设置名称为"中秋活动电视广告"。

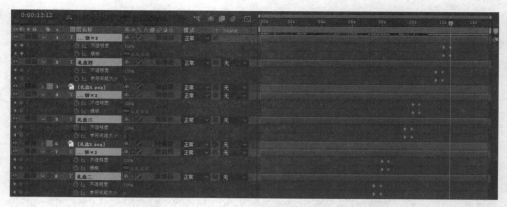

图4-23　调整关键帧位置

图4-24　动画效果（五）

## 4.1.5　为文本图层添加动画属性

文本图层除了可以通过图层属性制作动画外，还可以使用动画制作工具为单个字符或一系列字符的属性设置动画，操作方法：展开文本图层，单击右侧的"动画"按钮 ，弹出如图4-25所示的菜单，可选择相应的动画属性命令为该文本图层制作动画。

- 启用逐字3D化：用于为文字逐字开启三维图层模式，此时的二维文本图层将转换为三维图层。
- 锚点、位置、缩放、倾斜、旋转、不透明度：用于制作文本的中心点变换、位移、缩放、倾斜和不透明度动画，与图层属性相同。
- 全部变换属性：用于同时为文本添加锚点、位置、缩放、倾斜、旋转、不透明度等变换属性的动画。
- 填充颜色：用于设置文字的填充颜色，在其子菜单中可以选择填充颜色的"RGB""色相""饱和度""亮度""不透明度"等命令。
- 描边颜色：用于设置文字的描边颜色，在其子菜单中可选择描边颜色的"RGB""色相""饱和度""亮度""不透明度"等命令。

图4-25　动画属性菜单

- 描边宽度：用于设置文字的描边粗细。
- 字符间距：用于设置字符之间的距离。
- 行锚点：用于设置文本的对齐方式。
- 行距：用于设置段落文字中行与行的距离。
- 字符位移：用于按照统一的字符编码标准，对文字进行位移。

- 字符值：用于按照统一的字符编码标准，统一替换设置的字符值所代表的字符。
- 模糊：用于设置对文字添加的模糊效果。

**技能提升**

　　AE为文本图层预设好了部分动画效果，可直接将其应用到文本图层中，为文本添加更加丰富的动画效果。应用文本动画预设的方法：选择【窗口】/【效果和预设】命令，或按【Ctrl+5】组合键，打开如图4-26所示的"效果和预设"面板，在其中展开"Text"文件夹，其中包含17个不同类别的动画效果，展开其中任意一个文件夹，选择文本图层后双击某个动画预设，或直接将动画预设拖曳至文本图层上，文本图层将自动以时间指示器位置为起始点创建关键帧，以实现相关动画的预设。

　　尝试为文字应用不同的动画预设，并查看具体效果，以提高文字动画的能力。

图4-26 "效果和预设"面板

# 4.2 应用形状

　　形状是传递信息时不可或缺的视觉焦点，且具有符号化、形象化、共通性的特征，能够不受语言、文化等的限制。在影视后期合成中应用形状可以制作MG动画、蒙版动画，或作为装饰元素点缀画面。

## 4.2.1 课堂案例——制作娱乐节目片头

　　**案例说明：**新一季《娱乐新天地》节目即将上线，需要制作一个新片头，为迎合观众的审美，准备制作简约风格的片头。要求画面流畅、生动，色彩明亮，并通过各种形状的变换来吸引观众的注意，参考效果如图4-27所示。

　　**知识要点：**创建与编辑形状；为形状图层添加动画属性。

　　**效果位置：**效果\第4章\娱乐节目片头.aep

高清视频

图 4-27　制作娱乐节目片头参考效果

具体操作步骤如下。

视频教学：
制作娱乐节目
片头

**步骤 01** 新建项目文件，以及名称为"娱乐节目片头"、大小为"1280像素×720像素"、持续时间为"0:00:06:00"、背景颜色为"白色"的合成。

**步骤 02** 选择"矩形工具" ■，在工具箱右侧单击"填充"按钮 填充 右侧的色块，在打开的"形状填充颜色"对话框中设置颜色为"#73DBFF"，然后单击 确定 按钮。单击"描边"按钮 描边，在打开的"描边选项"对话框中单击"无"按钮 ☑ 取消描边，然后单击 确定 按钮。

**步骤 03** 双击"矩形工具" ■ 创建一个与合成大小相同的矩形，"时间轴"面板中将出现一个"形状图层 1"图层，将其重命名为"蓝色"，然后单击"时间轴"面板的空白区域取消选择"蓝色"图层。

**步骤 04** 使用与步骤2和步骤3相同的方法再分别创建填充颜色为"#FFC873"和"#FF7373"的矩形，并分别将对应的图层重命名为"黄色"和"红色"。

**步骤 05** 展开"红色"图层，单击"内容"栏右侧的"添加"按钮 ○，在弹出的菜单中选择"修剪路径"命令，在"内容"栏中将出现"修剪路径 1"栏，展开该栏，然后分别为结束属性在0:00:00:00和0:00:01:00处添加值为"100%"和"0%"的关键帧，制作画面逐渐消失的动画。

**步骤 06** 选择"修剪路径 1"栏，按【Ctrl+C】组合键复制，然后将时间指示器移至0:00:00:10处，选择"黄色"图层，按【Ctrl+V】组合键粘贴，效果如图4-28所示。

图 4-28　运用"修剪路径"后的动画效果

**步骤 07** 选择"矩形工具" ■，设置填充颜色为"#C473FF"，然后双击"矩形工具" ■ 创建一个与合成大小相同的矩形，并将其重命名为"紫色"，展开该图层，单击"内容"栏右侧的"添加"按钮 ○，在弹出的菜单中选择"扭转"命令，展开"扭转 1"栏，再分别为角度属性在0:00:00:00和0:00:01:00处添加值为"0"和"1000"的关键帧，效果如图4-29所示。

图 4-29　运用"扭转"后的动画效果

**步骤 08** 选择 "椭圆工具" ，设置填充颜色为 "#FF7F73"，然后将鼠标指针移至画面中，在按住【Shift】键的同时按住鼠标左键并拖曳以绘制圆，将该圆移至画面中间，并将该图层重命名为 "圆"。

**步骤 09** 分别为 "圆" 图层在0:00:01:00和0:00:04:00处添加缩放为 "100，100%" 和 "150，150%" 的关键帧，以及在0:00:01:10和0:00:02:00处添加不透明度为 "0%" 和 "100%" 的关键帧，制作放大并逐渐显示的动画效果。

**步骤 10** 展开 "圆" 图层，单击 "内容" 栏右侧的 "添加" 按钮，在弹出的菜单中选择 "收缩和膨胀" 命令，然后在 "收缩和膨胀 1" 栏中分别为数量属性在0:00:01:10、0:00:02:00和0:00:03:00处添加值为 "0" "101" "0" 的关键帧。

**步骤 11** 单击 "添加" 按钮，在弹出的菜单中选择 "修剪路径" 命令，然后分别为结束属性在0:00:03:00和0:00:04:00处添加值为 "100%" 和 "0%" 的关键帧，如图4-30所示，效果如图4-31所示。

图4-30　添加关键帧（五）

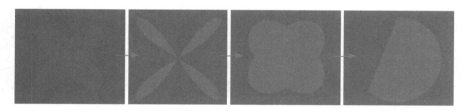

图4-31　动画效果（六）

**步骤 12** 使用 "横排文字工具" 在画面中间输入 "娱乐新天地" 文字，设置字体为 "方正剪纸简体"、填充颜色为 "#53C3F4"、描边颜色为 "白色"、字体大小为 "180像素"、描边宽度为 "10像素"，效果如图4-32所示。然后为该图层在0:00:04:00和0:00:05:00处添加缩放为 "0，0%" 和 "100，100%" 的关键帧，制作放大显示的动画。

**步骤 13** 选择 "星形工具" ，设置填充颜色为 "#FFF273"，在画面左上角绘制一个五角星作为装饰，适当调整大小，再通过添加不透明度属性的关键帧制作闪烁的效果。复制多个星形图层并适当调整关键帧位置及旋转角度，并在0:00:05:08处显示所有星形，效果如图4-33所示，再将所有星形图层预合成为 "星形" 预合成图层。

图4-32　文字输入的效果

图4-33　显示所有星形的效果

**步骤 14** 按【Ctrl+S】组合键保存文件，并设置名称为"娱乐节目片头"。

### 4.2.2 创建与编辑形状

在AE中可以创建各式各样的形状，还可以根据具体需求编辑形状的样式、填充与描边等。

**1. 创建形状**

在AE中，创建的形状可分为规则形状和不规则形状，可分别使用不同的工具进行创建。需要注意的是，在选择某个形状图层的情况下，新创建的形状将自动被添加到所选的形状图层中，此时可按【F2】键取消所选图层，再创建形状图层。

（1）创建规则形状

形状工具组用于创建规则形状，其操作方法都相同，具体为选择工具后，将鼠标指针移至画面中，按住鼠标左键并拖曳可创建相应的形状。另外，在工具箱中双击形状工具可直接创建与合成大小相同的形状。

- "矩形工具" ■：用于创建矩形形状，在按住【Shift】键的同时拖曳可创建正方形。
- "圆角矩形工具" ■：用于创建圆角矩形形状，在按住【Shift】键的同时拖曳可创建圆角正方形。在拖曳时，按【↑】键和【↓】键或滚动鼠标滚轮可调整圆角的弧度大小，如图4-34所示；按【←】键可设置圆角为最小值；按【→】键可设置圆角为最大值，效果如图4-35所示。

  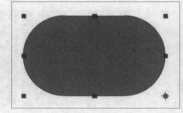

图4-34 调整圆角的弧度大小　　　　　　　　　　　　　图4-35 设置圆角为最大值

- "椭圆工具" ●：用于创建椭圆形状，在按住【Shift】键的同时拖曳可创建圆形。
- "多边形工具" ●：用于创建正多边形形状，在拖曳时，按【↑】键和【↓】键或滚动鼠标滚轮可调整多边形的边数，图4-36所示为创建的正五边形；按【←】键和【→】键可调整外圆度的大小，图4-37所示为增大外圆度的效果。
- "星形工具" ★：用于创建星形形状，在拖曳时，按【↑】键和【↓】键或滚动鼠标滚轮可调整星形的顶点数，图4-38所示为创建的五角星；按【←】键和【→】键可调整外圆度的大小，图4-39所示为增大外圆度的效果；按【PageUp】键和【PageDown】键可调整内圆度的大小。

图4-36 正五边形　　图4-37 增大外圆度　　图4-38 五角星　　图4-39 增大外圆度
　　　　　　　　　的正五边形　　　　　　　　　　　　　　的五角星

（2）创建不规则形状

　　在AE中，通常使用"钢笔工具" ✏️来创建不规则形状，操作方法：将鼠标指针移至"合成"面板中，单击可创建一个锚点，在创建第3个锚点后，将自动形成一个形状，如图4-40所示，继续在面板中单击可继续创建锚点，将鼠标指针移至第1个锚点处，鼠标指针将变为 🖋️ 形状，此时单击可封闭该形状并结束绘制，如图4-41所示。若要使用"钢笔工具" ✏️创建曲线，可在创建锚点时拖曳，将自动出现控制柄以调整曲线的弧度，如图4-42所示。

  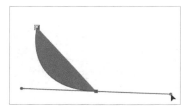

图4-40　创建3个锚点形成形状　　　　图4-41　结束绘制　　　　图4-42　创建曲线

2. 编辑形状

为了使创建的形状更符合制作需求，可通过修改形状、填充与描边来编辑形状。

（1）修改形状

　　形状创建完成后，可结合钢笔工具组中的"添加'顶点'工具" ✏️、"删除'顶点'工具" ✏️和"转换'顶点'工具" ◣来修改形状。

- "添加'顶点'工具" ✏️：在形状边缘的线段上单击可添加锚点。
- "删除'顶点'工具" ✏️：在形状边缘的锚点上单击可删除该锚点。
- "转换'顶点'工具" ◣：在形状边缘的锚点上单击，可使该点周围的线段在线段和曲线之间进行转换，如图4-43所示。

图4-43　使用"转换'顶点'工具"

---

🔔 **提示**

在使用"钢笔工具"🖊时，按住【Alt】键可将该工具暂时切换为"转换'顶点'工具"◣，可直接在锚点上单击来转换该点周围线段的类型。

---

（2）修改填充与描边

选择形状工具组或钢笔工具组中的工具后，工具箱右侧将显示填充与描边的相关设置。

● 填充：单击"填充"按钮 填充，打开图4-44所示的"填充选项"对话框，可选择设置填充为"无"◪、"纯色"■、"线性渐变"■（效果见图4-45）或"径向渐变"■（效果见图4-46），还可设置填充的混合模式及不透明度，最后单击 确定 按钮。选择好填充类型后，可单击"填充"按钮 填充 右侧的色块，在打开的对话框中设置具体的颜色。

图4-44 "填充选项"对话框

图4-45 线性渐变效果

图4-46 径向渐变效果

● 描边：单击"描边"按钮 描边，可打开"描边选项"对话框，其设置方法与填充相同。

## 4.2.3 为形状图层添加动画属性

与文本图层的动画属性类似，展开形状图层，单击右侧的"添加"按钮 ▶，弹出图4-47所示的菜单，可选择相应的属性命令为该形状图层制作动画。

| 组（空） | 合并路径 |
|---|---|
| 矩形 | 位移路径 |
| 椭圆 | 收缩和膨胀 |
| 多边星形 | 中继器 |
| 路径 | 圆角 |
| | 修剪路径 |
| 填充 | 扭转 |
| 描边 | 摆动路径 |
| 渐变填充 | 摆动变换 |
| 渐变描边 | Z 字形 |

图4-47 动画属性

● 组（空）：用于创建一个空组，然后将需要的属性拖入该组内。
● 矩形、椭圆、多边星形：用于添加相应形状的路径。
● 路径：可使用"钢笔工具"🖊绘制需要添加的路径。
● 填充或描边：用于添加填充或描边颜色。
● 渐变填充或渐变描边：用于添加渐变填充或描边颜色。
● 合并路径：用于设置与新添加路径的运算方式，包括合并、相加、相减、相交、排除交集5种模式。

● 位移路径：用于使路径偏移原始路径来扩展或收缩形状。

● 收缩和膨胀：用于制作类似挤压、拉伸的变形效果。

● 中继器：用于复制图形，并将指定的变换应用于每个副本。

● 圆角：用于设置路径的圆角大小。

● 修剪路径：用于修剪路径的长度，常用于实现描边的生长动画效果。

● 扭转：用于将路径扭曲成旋涡状。

● 摆动路径：用于通过将路径转换为一系列大小不等的锯齿状尖峰和凹谷，随机摆动路径。

● 摆动变换：用于随机摆动路径的位置、锚点、缩放和旋转变换的任意组合。

● Z字形：用于将路径转换为一系列统一大小的锯齿状尖峰和凹谷。

　　在AE中还可以使用文本图层来创建形状，操作方法：选择文本图层后，在其上单击鼠标右键，在弹出的快捷菜单中选择【创建】/【从文字创建形状】命令，然后AE将自动在该文本图层上方创建一个具有相同文字形状的、可编辑的形状图层。

　　尝试将"蓄势待发 亮剑高考"文字转换为形状，然后通过编辑形状的方法改变文字的样式，从而提升对文字与形状的综合运用能力，提高文字设计的艺术修养，参考效果如图4-48所示。

高清视频

**图4-48　从文字转换为形状参考效果**

# 4.3 课堂实训

## 4.3.1 制作"保护环境"公益宣传片

### 1. 实训背景

　　某环保组织为进一步提高大众的生态环境保护意识，有效推动生态环境的健康发展，准备制作以"保护环境"为主题的公益宣传片。要求视频画面简洁明了，并搭配直观的文字展示宣传片的主题，尺寸为1280像素×720像素。

**设计素养**

　　公益宣传片是一种以非营利为目的的非商业性的宣传片，目的是宣扬美德、文化等积极向上的内容。制作公益宣传片时，需要从情感上切入，能引起观众的共鸣，而且要鲜明地体现出想要表达的主旨，呈现出令人印象深刻的内容。

### 2. 实训思路

　　（1）视频构思。为了增强公益宣传片的吸引力，可先以"这是一个神秘而又美丽的地方"文字作为视频的开始，然后通过高山、大海、蓝天、白云等自然风景来展现人们赖以生存的环境，最后再点明该宣传片的主题"保护环境　人人有责"。

（2）文字动画。为使画面更加生动，可为文本图层添加动画属性，如不透明度、字符间距和模糊，动画效果如图4-49所示。在片尾处可制作源文本动画使文字逐个显示。

**图4-49　动画效果（七）**

本实训的参考效果如图4-50所示。

高清视频

**图4-50　制作"保护环境"公益宣传片参考效果**

素材位置：素材\第4章\"保护环境"公益宣传片素材

效果位置：效果\第4章\"保护环境"公益宣传片.aep

3．步骤提示

　　**步骤 01**　新建项目文件，以及名称为"'保护环境'公益宣传片"、大小为"1280像素×720像素"、持续时间为"0：00：30：00"的合成。

　　**步骤 02**　导入"'保护环境'公益宣传片素材"文件夹中的所有素材，将所有视频拖曳至"时间轴"面板中，并分别为每个视频调整入点与出点、持续时间。

　　**步骤 03**　使用"横排文字工具" T 在画面下方输入相应的文字，调整该图层的入点与出点使其与视频时长一样，然后为其添加不透明度、字符间距和模糊等动画属性，并制作相关动画。

视频教学：
制作"保护环境"
公益宣传片

　　**步骤 04**　复制多个文本图层，然后适当调整文本图层显示时间及关键帧的位置。

　　**步骤 05**　使用"横排文字工具" T 在片尾处的画面中间输入宣传片主题文字，并为其制作源文本动画，使文字逐个出现。

　　**步骤 06**　关闭所有视频的音频，将"音乐.mp3"素材拖曳至"时间轴"面板中，按【Ctrl+S】组合键保存文件，并设置名称为"'保护环境'公益宣传片"。

## 4.3.2　制作活动促销广告

1．实训背景

　　临近教师节，梦羽集官方旗舰店准备策划一期促销活动，制作与教师节相关的活动广告并投放到网店页面中，要求画面的色调明亮，并在其中展现出店铺名称、活动的时间和具体优惠等信息，尺寸为

900像素×1600像素。

2．实训思路

（1）画面构思。广告需要在第一时间引起消费者的注意，因此可放大主体文字并将其置于画面中间，然后为其添加背景使其在画面中更加突出，还可在其周围添加一些装饰元素。另外，在主体文字的上方可添加活动时间信息，而在下方可添加具体的优惠信息，使消费者能够快速、完整地获取到有效信息。

（2）动画设计。为增强广告的视觉表现力，可通过设置修剪路径、不透明度属性为文字背景制作动画，效果如图4-51所示，然后设置模糊、不透明度等属性为文字制作动画。

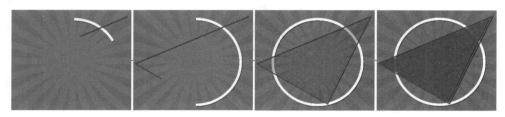

图4-51　动画效果（八）

本实训的参考效果如图4-52所示。

图4-52　制作活动促销广告参考效果

高清视频

素材位置：素材\第4章\活动促销广告素材

效果位置：效果\第4章\活动促销广告.aep

3．步骤提示

步骤 01　新建项目文件，以及名称为"活动促销广告"、大小为"900像素×1600像素"、持续时间为"0：00：06：00"的合成文件。

步骤 02　导入"活动促销广告素材"文件夹中的所有素材，并将其中的所有素材拖曳至"时间轴"面板中，适当调整素材的大小和位置。

步骤 03　使用"椭圆工具"■分别在画面的上方和下方创建多个白色圆形装饰背景，并通过设置位置属性为其制作移动动画。

步骤 04　结合"椭圆工具"■和"钢笔工具"■在文字下方创建形状作为文字背景，然后设置修剪路径、不透明度属性制作显示动画。

步骤 05　通过缩放属性为主题文字制作放大动画，通过位置和不透明度属性为文字下方的装饰制

视频教学：
制作活动促销
广告

作逐渐上升并显示的动画。使用"椭圆工具" 在文字周围绘制圆形，并添加"投影""光泽"图层样式，再设置收缩和膨胀属性为其制作形状变化动画。

**步骤 06** 使用"横排文字工具" Ｔ在画面上方和下方分别输入活动时间及内容相关文字，再设置模糊属性制作动画。

**步骤 07** 按【Ctrl+S】组合键保存文件，并设置名称为"活动促销广告"。

# 4.4 课后练习

## 练习 1 制作自媒体片头

高清视频

"影映工作室"作为新兴的自媒体，为符合大众审美，准备制作一个MG动画风格的片头，通过图形的变化来增强片头的美观度和趣味性。要求尺寸为1280像素×720像素。制作时可利用缩放属性为圆形制作放大动画作为引入，然后利用修剪路径选项为线条制作流动的效果，再利用收缩和膨胀属性为元素制作动画，最后再显示自媒体的头像及介绍文案，参考效果如图4-53所示。

素材位置：素材\第4章\自媒体头像.png

效果位置：效果\第4章\自媒体片头.aep

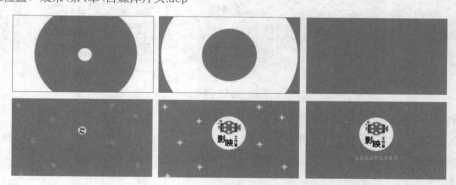

**图4-53 制作自媒体片头参考效果**

## 练习 2 制作新年倒计时动画

高清视频

新的一年即将到来，某短视频账号准备制作一个倒计时动画发布在短视频平台中。要求在倒计时结束后展示新年祝福，尺寸要求为900像素×1600像素。在制作时可利用源文本动画制作数字倒计时的效果，并通过修剪路径选项为文字背景制作逐渐消失的动画，最后再为祝福语制作动画，参考效果如图4-54所示。

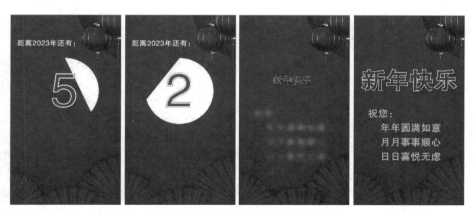

**图4-54　制作新年倒计时动画参考效果**

素材位置：素材\第4章\红色背景.jpg

效果位置：效果\第4章\新年倒计时动画.aep

第 **5** 章    应用蒙版与遮罩

在AE中进行影视后期合成时，蒙版和遮罩都可以通过定义图层中的不透明信息来决定图层的显示范围，从而将多个图层中的元素同时显示在一个画面中。因此熟练掌握蒙版和遮罩的应用方法，可以在实践操作中提高影视后期合成的能力。

**📖 学习目标**

◎ 掌握蒙版的应用方法
◎ 掌握遮罩的应用方法

**◇ 素养目标**

◎ 通过对蒙版和遮罩样式的设计来培养创新思维
◎ 进一步探索蒙版与遮罩的区别，激发读者学习AE的兴趣

**◈ 案例展示**

《动感时尚》栏目片头          《自然之窗》节目包装          水墨风宣传片

# 5.1 应用蒙版

蒙版的形状由路径决定，而路径又可分为闭合路径（起点和终点为同一个锚点，如矩形等封闭图形）和开放路径（起点和终点不是同一个锚点，如线段就是一条开放路径）。其中，闭合路径的蒙版常用于遮挡图层的某一部分，而开放路径的蒙版常用于设置动画的行动轨迹。

## 5.1.1 课堂案例——制作动态企业 Logo

案例说明："红天鹅服装"企业准备为企业Logo制作动态效果，便于在广告中展示，同时起到宣传企业形象，提升品牌知名度的作用。在制作该动态企业Logo时，要求先在画面中展现出Logo，然后在其右侧逐渐显示出企业名称，参考效果如图5-1所示。

知识要点：蒙版路径；蒙版不透明度。

素材位置：素材\第5章\企业Logo.png

高清视频

效果位置：效果\第5章\动态企业Logo.aep

具体操作步骤如下。

步骤 01 新建项目文件，以及名称为"动态企业Logo"、大小为"1280像素×720像素"、持续时间为"0:00:04:00"、背景颜色为"白色"的合成文件。

步骤 02 导入"企业Logo.png"素材，将其拖曳至"时间轴"面板中，并将该图层重命名为"Logo"，然后按【S】键显示缩放属性，设置缩放为"50，50%"。

步骤 03 选择"Logo"图层，选择【图层】/【蒙版】/【新建蒙版】命令，Logo的周围将出现一个与其等大的矩形定界框，如图5-2所示。

步骤 04 将时间指示器移至0:00:00:00处，按【M】键显示蒙版路径属性，单击属性名称左侧的"时间变化秒表"按钮，开启关键帧。选择"选取工具"，单击定界框右下角的锚点，将其向左上方拖曳，如图5-3所示，可发现Logo被隐藏。

步骤 05 将时间指示器移至0:00:00:13处，将锚点向下拖曳，如图5-4所示，使Logo左上方的区域展示出来。

步骤 06 将时间指示器移至0:00:01:00处，将锚点向右拖曳，直至Logo完全展示出来。按两次【T】键显示蒙版不透明度属性，单击属性名称左侧的"时间变化秒表"按钮，开启关键帧。

步骤 07 将时间指示器移至0:00:00:06处，设置蒙版的不透明度为"0%"，Logo的变化效果如图5-5所示。

图5-1　制作动态企业 Logo 参考效果

视频教学：制作动态企业Logo

85

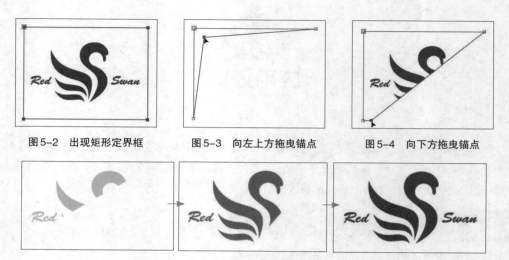

图5-2　出现矩形定界框　　　图5-3　向左上方拖曳锚点　　　图5-4　向下方拖曳锚点

图5-5　Logo的变化效果

**步骤 08** 将时间指示器移至0:00:01:00处，按【P】键显示位置属性，单击属性名称左侧的"时间变化秒表"按钮，开启关键帧。再将时间指示器移至0:00:01:13处，按住【Shift】键使用"选取工具" 将Logo向左平移一定的距离，在其右侧留出一定区域用于放置企业名称文字。按【U】键显示关键帧，如图5-6所示。

图5-6　显示关键帧

**步骤 09** 使用"横排文字工具" 在Logo右侧输入"红天鹅服装"文字，在"字符"面板中设置字体为"汉仪南宫体简"、填充颜色为"#C9242B"、文字大小为"42像素"，效果如图5-7所示。

**步骤 10** 选择文本图层，选择【图层】/【蒙版】/【新建蒙版】命令，为文字新建蒙版，将时间指示器移至0:00:03:00处，分别创建蒙版路径和不透明度属性的关键帧。

**步骤 11** 将时间指示器移至0:00:01:13处，选择"选取工具" ，按住【Shift】键单击定界框右侧的两个锚点，将其向左平移，使所有文字都被隐藏，如图5-8所示。

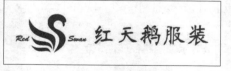

图5-7　输入并设置文字

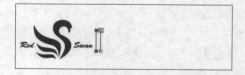

图5-8　向左拖曳锚点隐藏文字

**步骤 12** 在0:00:01:13处设置文本图层的蒙版不透明度为"0%"，文字的变化效果如图5-9所示。按【Ctrl+S】组合键保存文件，并设置名称为"动态企业Logo"。

图5-9　文字的变化效果

## 5.1.2　认识并创建蒙版

蒙版可以简单地理解成一个特殊的区域，它依附于图层，作为图层的属性存在。调整蒙版的相关属性，可以将图层上对象的某一部分隐藏起来，只显示一部分，从而实现不同图层上对象之间的混合，达到合成的效果，如图5-10所示。

图5-10　通过蒙版混合不同图层中的图像

使用菜单命令可以为图层快速创建一个大小与图层中的对象相同的矩形蒙版，操作方法：选择图层后，选择【图层】/【蒙版】/【新建蒙版】命令或按【Ctrl+Shift+N】组合键，在图层中的对象周围将出现一个带有颜色的路径所形成的定界框，该定界框内的区域即蒙版，如图5-11所示。使用"选取工具" ▶直接拖曳定界框上的锚点可改变蒙版的形状，即图层的显示范围，如图5-12所示。

图5-11　新建蒙版　　　　　　　　　　　　　图5-12　改变图层的显示范围

🔔 **提示**

若想删除蒙版，可在选择蒙版后，按【Delete】键，或选择【图层】/【蒙版】/【移除蒙版】命令进行删除，也可以直接选择【图层】/【蒙版】/【移除所有蒙版】命令删除所有蒙版。

## 5.1.3　设置蒙版属性

为图层添加蒙版后，展开该图层，可发现新增的"蒙版"栏，其下有蒙版路径、蒙版羽化、蒙版不透明度和蒙版扩展4个属性，如图5-13所示，可根据需要设置相应的参数。

- 蒙版路径：用于调整蒙版的位置和形状参数，从而改变图层的显示区域，可直接使用"选取工具" ▶或钢笔工具组在"合成"面板中调整路径上的锚点；也可单击

图5-13　蒙版属性

"时间轴"面板右侧的 形状... 按钮，打开图5-14所示的"蒙版形状"对话框，在"定界框"栏中调整蒙版的位置，在"形状"栏中设置蒙版的形状。图5-15所示为将矩形形状的蒙版设置为椭圆形状的蒙版的前后效果对比。

图5-14　"蒙版形状"对话框

图5-15　将矩形形状的蒙版设置为椭圆形状的蒙版的效果对比

🔔 提示

　　若蒙版路径的颜色在"合成"面板中显示得不够明显，可单击蒙版路径属性左侧的色块，在打开的"蒙版颜色"对话框中重新设置蒙版路径的颜色。

● 蒙版羽化：用于调整蒙版水平或垂直方向的羽化程度，为蒙版周围添加模糊效果，使其边缘的过渡更加自然，图5-16所示为蒙版羽化为"400像素"的效果。
● 蒙版不透明度：用于调整蒙版的不透明度，而不修改蒙版下方图层的不透明度。当该属性参数为100%时为完全不透明，为0%时则完全透明，图5-17所示为蒙版不透明度为"40%"的效果。

图5-16　蒙版羽化为"400像素"的效果　　　　图5-17　蒙版不透明度为"40%"的效果

🔔 提示

　　选择图层后，按【M】键可显示蒙版路径属性，按【F】键可显示蒙版羽化属性，按两次【T】键可显示蒙版不透明度属性。

● 蒙版扩展：用于控制蒙版扩展或者收缩。与等比例缩放不同，调整该属性的参数会使蒙版的形状发生改变。当该参数值为正数时，蒙版将向外扩展，图5-18所示为蒙版扩展为"100像素"的效果；当该参数值为负数时，蒙版将向内收缩，图5-19所示为蒙版扩展为"-100像素"的效果。

图5-18 蒙版扩展为"100像素"的效果

图5-19 蒙版扩展为"-100像素"的效果

**提示**

在调整蒙版的参数后，若是需要恢复蒙版的初始状态，可选择【图层】/【蒙版】/【重置蒙版】命令，将蒙版的所有属性都重置为初始状态。

## 5.1.4 蒙版的布尔运算

布尔运算是数字符号化的逻辑推演法，常用于处理图形，可以使基本图形通过不同的方式产生新的形状。当图层中存在多个蒙版时，可利用布尔运算对多个蒙版进行计算，使其产生不同的叠加效果。在"时间轴"面板中单击蒙版右侧的下拉列表框，打开的下拉列表中共有7种运算方法，如图5-20所示，用户可根据需要进行选择。

- 无：选择该选项时，蒙版仅作为路径形式存在，而不会被作为蒙版使用。
- 相加：选择该选项，蒙版内所有的图层区域将全部显示，蒙版之外的图层区域将全部被隐藏，如图5-21所示。新创建的蒙版默认选择该选项。
- 相减：选择该选项，蒙版内所有的图层区域将被隐藏，蒙版之外的图层区域将全部显示，如图5-22所示。
- 交集：选择该选项，将显示所有蒙版交集的图层区域，如图5-23所示。

图5-20 蒙版的布尔运算

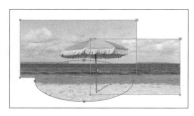

图5-21 "相加"运算

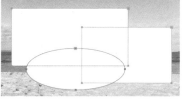

图5-22 "相减"运算

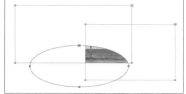

图5-23 "交集"运算

- 变亮：与"相加"选项类似，当图层中多个蒙版的不透明度存在差异时，蒙版重叠处将显示不透明度较高的蒙版，如图5-24所示。
- 变暗：与"交集"选项类似，当图层中多个蒙版的不透明度存在差异时，蒙版重叠处将显示不透明度较低的蒙版，如图5-25所示。
- 差值：选择该选项，可先将蒙版进行相加运算，然后将偶数个蒙版相交的部分减去，而奇数个蒙版重叠的部分将不会被减去，如图5-26所示。

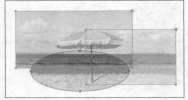 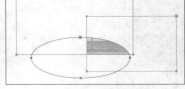 

图5-24 "变亮"运算　　　图5-25 "变暗"运算　　　图5-26 "差值"运算

## 5.1.5 课堂案例——制作《动感时尚》栏目片头

案例说明：《动感时尚》是一档以推荐时尚穿搭为主题的栏目，现需为该栏目制作一个片头，要求为提供的素材图片制作动画效果，画面的色彩要明亮、鲜艳，尺寸为1280像素×720像素，参考效果如图5-27所示。

高清视频

知识要点：蒙版路径；蒙版不透明度；蒙版扩展；矩形蒙版；椭圆蒙版；星形蒙版。

素材位置：素材\第5章\裙装展示.jpg

效果位置：效果\第5章\《动感时尚》栏目片头.aep

图5-27 制作《动感时尚》栏目片头参考效果

具体操作步骤如下。

视频教学：
制作《动感时尚》栏目片头

**步骤 01** 新建项目文件，以及大小为"1280像素×720像素"、持续时间为"0：00：06：00"、背景颜色为"白色"的合成文件。

**步骤 02** 选择"矩形工具" ▣，设置填充颜色为"#EF540F"，取消描边，然后双击"矩形工具" ▣绘制一个与合成大小一致的矩形。

**步骤 03** 选择"形状图层1"图层，选择"矩形工具" ▣，在工具箱中单击"工具创建蒙版"按钮▣，然后绘制一个比橙色矩形更大的矩形蒙版，如图5-28所示。

**步骤 04** 将时间指示器移至0：00：00：12处，按【M】键显示蒙版路径属性，单击属性名称左侧的"时间变化秒表"按钮▣，开启关键帧。将时间指示器移至0：00：00：00处，使用"选取工具" ▶向左拖曳定界框右侧的两个锚点，使橙色矩形被隐藏，如图5-29所示。

**步骤 05** 将时间指示器移至0：00：01：00处，按住【Shift】键将整个定界框向右拖曳至画面外，完成橙色矩形从左至右移动的动画效果的制作。

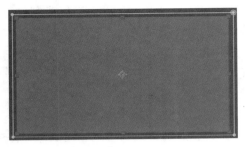

图5-28　绘制矩形蒙版

图5-29　拖曳锚点隐藏橙色矩形

**步骤 06** 使用"横排文字工具" T 在画面中间依次输入"动感时尚""Dynamic fashion"文字，在"字符"面板中设置字体为"汉仪菱心体简"、填充颜色为"#FFFFFFF"、中文文字大小为"200像素"、英文文字大小为"80像素"。

**步骤 07** 导入"裙装展示.jpg"素材，将其拖曳至"时间轴"面板中，并将该图层重命名为"展示"。选择该图层，使用"矩形工具" ▭ 分别为4张图像绘制矩形蒙版，如图5-30所示。

**步骤 08** 将时间指示器移至0:00:01:13处，按【M】键显示蒙版路径属性，按住【Shift】键同时选择4个蒙版，单击属性名称左侧的"时间变化秒表"按钮 ○，开启关键帧。将时间指示器移至0:00:01:00处，使用"选取工具" ▶ 将第1个和第3个矩形蒙版下方的两个锚点向上拖曳，将第2个和第4个矩形蒙版上方的两个锚点向下拖曳，直至图像完全被隐藏，如图5-31所示。

图5-30　绘制矩形蒙版

图5-31　拖曳锚点

**步骤 09** 适当调整4个蒙版的关键帧位置，使4张图像依次进行展现，如图5-32所示。

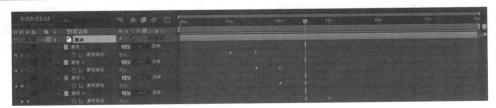

图5-32　调整关键帧位置

**步骤 10** 选择"矩形工具" ▭，设置填充颜色为"#EF540F"、描边颜色为"#FFC7AE"、描边宽度为"50像素"，绘制一个与合成大小一致的矩形，再选择"椭圆工具" ◯，单击"工具创建蒙版"按钮 ▦，在画面中间按住【Shift】键绘制一个圆形蒙版。将时间指示器移至0:00:03:12处，开启蒙版不透明度和蒙版扩展属性的关键帧，并设置蒙版不透明度为"0%"。

**步骤 11** 将时间指示器移至0:00:04:00处,设置蒙版不透明度为"100%",将鼠标指针移至蒙版扩展属性右侧的数值上方,当鼠标指针变为 形状时,按住鼠标左键并向右拖曳,以增大数值,直至形状图层完全显示时释放鼠标左键,完成后的动画效果如图5-33所示。

图5-33 裙装展示动画效果

**步骤 12** 选择"动感时尚"图层,按【Ctrl+D】组合键复制图层,将复制的图层移至"时间轴"面板最上层,并设置图层入点为0:00:04:00。选择"星形工具" ,在文字左上角绘制一个星形蒙版。

**步骤 13** 将时间指示器移至0:00:04:00处,开启蒙版路径属性的关键帧,然后分别将时间指示器移至0:00:04:08、0:00:04:17和0:00:05:00处,分别调整星形蒙版的位置,如图5-34所示。

图5-34 调整星形蒙版的位置

**步骤 14** 将时间指示器移至0:00:05:12处,使用"选取工具" 拖曳星形蒙版上的锚点,使"动感时尚"文字完全展现出来。

**步骤 15** 使用"横排文字工具" 在"动感时尚"文字右下方输入"开启2023潮流之路"文字,并设置文字大小为"50像素"。选择"钢笔工具" ,在文字左上方绘制图5-35所示的不规则蒙版。

**步骤 16** 将时间指示器移至0:00:05:00处,开启蒙版路径属性的关键帧,然后使用"选取工具" 拖曳锚点使文字完全显示,如图5-36所示,制作出文字从左上方开始逐渐显示的动画。按【Ctrl+S】组合键保存文件,并设置名称为"《动感时尚》栏目片头"。

图5-35 绘制不规则蒙版

图5-36 拖曳锚点

## 5.1.6 使用工具绘制不同形状的蒙版

除了使用菜单命令为图层创建蒙版,还可以直接使用形状工具组和钢笔工具组中的工具来绘制不同的蒙版形状。

● 使用形状工具组绘制:使用形状工具组可以绘制一些形状较为规则的蒙版。操作方法:选择图层后,选择形状工具组中的任意一个工具,直接在"合成"面板中按住鼠标左键并拖曳进行绘制,便可为该图层创建相应形状的蒙版,图5-37所示分别为绘制多边形形状和星形形状的蒙版的效果。

图5-37 绘制多边形形状和星形形状的蒙版的效果

---

🔔 **提示**

使用形状工具组绘制形状时将默认创建形状图层，若要绘制蒙版，需要在选择工具后，单击工具箱中的"工具创建蒙版"按钮▨，再绘制蒙版。若绘制蒙版后要绘制正常的形状，则需单击"工具创建形状"按钮★进行切换。

---

● 使用钢笔工具组绘制：对于一些复杂的、不规则的蒙版形状，可以使用钢笔工具组中的工具进行绘制。操作方法：选择图层后，使用"钢笔工具"▨在画面中绘制路径，当绘制的路径闭合后，便可创建相应的蒙版，如图5-38所示。若是对绘制的路径不满意，可使用"添加'顶点'工具"▨在路径上单击以添加锚点；使用"删除'顶点'工具"▨单击锚点将其删除；使用"转换'顶点'工具"▨改变锚点类型，使路径在线段与曲线之间进行转换。

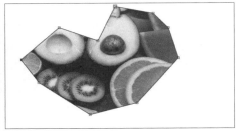

图5-38 绘制不规则形状的蒙版

---

🔔 **提示**

若需要复制蒙版，可在选择蒙版后，按【Ctrl+D】组合键为该蒙版创建副本；或按【Ctrl+C】组合键复制蒙版，然后选择其他图层后，按【Ctrl+V】组合键将其粘贴到其他图层中。

---

## 5.1.7 蒙版的路径动画

蒙版的路径动画是指以蒙版路径作为运动轨迹的动画，如让文字沿着绘制的蒙版路径进行运动，其操作方法：先为文本图层绘制一个蒙版路径，如图5-39所示，然后在"时间轴"面板中依次展开"文本""路径选项"栏，在"路径"下拉列表框中选择相应的蒙版选项，图层中的对象将自动以蒙版路径进行排列，如图5-40所示，再为首字边距属性创建关键帧，调整文字的位置，动画效果如图5-41所示。

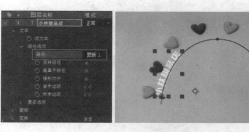

图5-39　绘制蒙版路径

图5-40　设置蒙版路径

图5-41　蒙版路径动画效果

另外，"路径选项"栏中的反转路径属性用于反转路径的起点和终点；垂直于路径属性用于设置文字的方向；强制对齐属性用于设置文字与路径的对齐方式；首字边距属性与末字边距属性用于设置首字或末字与起点或终点的距离。

技能
提升

在Adobe Illustrator、Photoshop等软件中可以轻松地绘制一些复杂形状的路径，然后利用【Ctrl+C】组合键和【Ctrl+V】组合键可以将这些软件中绘制的路径复制到AE的图层中作为蒙版路径使用，以制作出更加精美的作品。

尝试利用提供的素材（素材位置：技能提升\素材\第5章\海鸥.mp4），结合Photoshop中的路径和AE中蒙版的相关知识，制作出图5-42所示的效果，从而提升应用蒙版的能力。

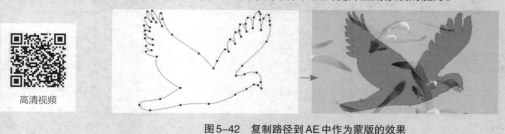

高清视频

图5-42　复制路径到AE中作为蒙版的效果

# 5.2

# 应用遮罩

遮罩即遮挡、遮盖，在AE中常用于遮挡图层上部分图像内容，并显示特定区域的图像内容，相当于一个窗口，其作用与蒙版类似，在影视后期合成中应用广泛。

## 5.2.1 课堂案例——制作《自然之窗》节目包装

案例说明：《自然之窗》节目准备以动物为专题制作一期视频，因此需要先制作相关的节目包装。要求画面效果美观，并结合与自然相关的文字与动物图像，最后再展示出节目及专题的名称等，参考效果如图5-43所示。

知识要点：遮罩；蒙版。

素材位置：素材\第5章\自然之窗

效果位置：效果\第5章\《自然之窗》节目包装.aep

图5-43 制作《自然之窗》节目包装参考效果

具体操作步骤如下。

**步骤 01** 新建项目文件，以及名称为"《自然之窗》节目包装"、大小为"1280像素×720像素"、持续时间为"0:00:05:00"、背景颜色为"白色"的合成文件。

**步骤 02** 导入"自然之窗"文件夹中的所有素材，将"动物1.jpg"素材拖入"时间轴"面板中。使用"横排文字工具"T在画面左上角输入"走进自然"文字，在"字符"面板中设置字体为"汉仪菱心体简"、填充颜色为"#000000"、文字大小为"220像素"，效果如图5-44所示。

**步骤 03** 将时间指示器移至0:00:00:00处，选择文本图层，按【P】键显示位置属性，单击属性名称左侧的"时间变化秒表"按钮，开启关键帧。将时间指示器分别移至0:00:00:13和0:00:01:00处，适当调整文字的位置，文字的移动路径如图5-45所示。

图5-44 输入文字　　　　　　图5-45 文字的移动路径

**步骤 04** 在"时间轴"面板中单击下方的 切换开关/模式 按钮切换模式，然后单击"动物1.jpg"图层"轨道遮罩"栏中的"无"下拉列表框，选择"Alpha遮罩'走进自然'"选项，如图5-46所示，效果如图5-47所示。

图5-46 选择遮罩类型

图5-47 遮罩效果

**步骤 05** 将"动物1.jpg"素材拖曳至"时间轴"面板的顶层，并设置不透明度为"30%"，动画效果如图5-48所示。

图5-48 "动物1.jpg"素材动画效果

**步骤 06** 在按住【Shift】键的同时选择3个图层，单击鼠标右键，在弹出的快捷菜单中选择"预合成"命令，打开"预合成"对话框，设置新合成名称为"片段1"，然后单击 确定 按钮。

**步骤 07** 选择"片段1"预合成图层，开启不透明度属性的关键帧，然后分别在0:00:01:00和0:00:01:05处设置不透明度为"100%"和"0%"，使其逐渐消失。

**步骤 08** 使用与步骤2~步骤5相同的方法为"动物2.jpg""动物3.jpg"素材制作类似的遮罩动画，并设置文字的移动时间分别为0:00:01:03~0:00:02:03和0:00:02:03~0:00:03:03，效果如图5-49所示。

图5-49 为其他两张图像制作遮罩动画

步骤 **09** 分别将新创建的两个遮罩动画对应的图层预合成为"片段2""片段3"预合成图层，并开启不透明度属性的关键帧，然后为这两个预合成图层分别在0:00:01:03 ~ 0:00:01:08和0:00:02:03 ~ 0:00:02:08设置不透明度从"0%"变化到"100%"，制作逐渐显示的效果；为"片段2"预合成图层在0:00:02:00 ~ 0:00:02:05设置不透明度从"100%"变化到"0%"，制作逐渐隐藏的效果，设置的不透明度关键帧如图5-50所示。

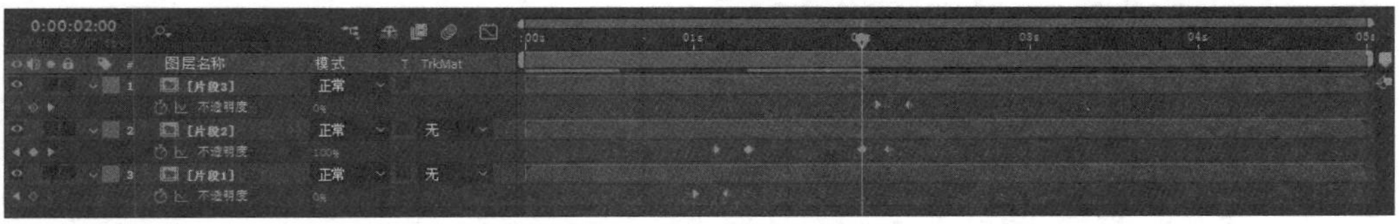

**图5-50　设置的不透明度关键帧**

步骤 **10** 将"自然.jpg"素材拖入"时间轴"面板中，并开启不透明度属性的关键帧，分别在0:00:03:00和0:00:03:03处设置不透明度为"0%"和"100%"，使其逐渐显示。

步骤 **11** 使用"横排文字工具" **T**在画面右侧分别输入"自然之窗""动物专题"文字，在"字符"面板中设置字体为"方正兰亭黑简体"、填充颜色为"黑色"，适当调整文字的大小，再将这两个文本图层预合成为"文字"预合成图层。

步骤 **12** 将时间指示器移至0:00:04:04处，使用"矩形工具" ■在文字周围绘制一个矩形蒙版，然后开启蒙版属性的关键帧，再将时间指示器移至0:00:03:04处，使用"选取工具" ▶向上拖曳矩形蒙版下方的两个锚点，使文字消失，制作出文字从上至下逐渐显示的效果，如图5-51所示。

步骤 **13** 按【Ctrl+S】组合键保存文件，并设置名称为"《自然之窗》节目包装"。

**图5-51　制作蒙版动画**

## 5.2.2 认识遮罩

在AE中，遮罩的作用是将两个相邻图层中的上层图层（遮罩图层）设置为下层图层（被遮罩图层）的遮罩，然后根据上层图层中对象的颜色值，决定下层图层中对象相应像素的透明度，从而确定下层图层的显示范围。图5-52所示为应用遮罩前后的对比效果。

AE中提供Alpha遮罩、Alpha反转遮罩、亮度遮罩和亮度反转遮罩4种不同的遮罩类型，分别通过Alpha通道和亮度像素来决定图层的显示范围，用户可根据需要进行选择。

- Alpha遮罩：能够读取遮罩图层的不透明度信息，应用该遮罩类型后，下方图层中的内容将只受不透明度影响，Alpha通道中的像素值为100%时为不透明状态。图5-53所示为上层图像，图5-54所示为下层图像，图5-55所示为应用Alpha遮罩后的效果。

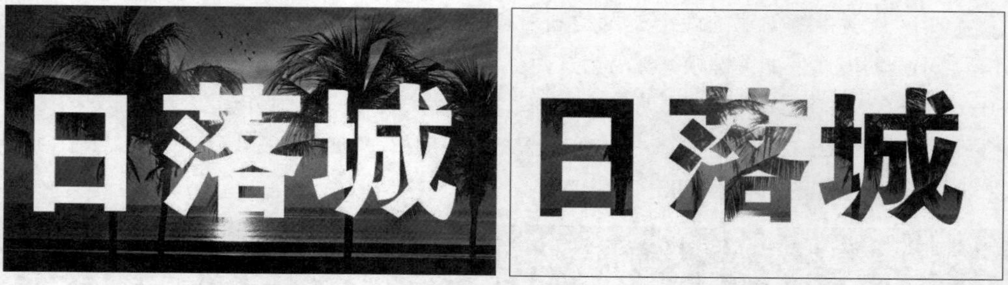

图 5-52    应用遮罩前后的效果对比

疑难
解答

**蒙版与遮罩的应用效果类似,它们有什么区别?**

（1）存在方式不同：蒙版相当于图层中的一个属性，而遮罩作为一个单独的图层存在。

（2）显示效果不同：蒙版只能将图层中的内容显示在使用工具绘制的图形蒙版中，如矩形、椭圆等，而遮罩还能将图层中的内容显示在文字或所有所选择的特定图形中。（3）显示区域不同：蒙版只有在不重叠的地方才会被显示，而遮罩只有在重叠的地方才会被显示。

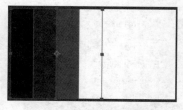

图 5-53    上层图像

图 5-54    下层图像

图 5-55    应用 Alpha 遮罩后的效果

● Alpha反转遮罩：与Alpha遮罩的原理相反，Alpha通道中的像素值为0%时为不透明状态，如图5-56所示。

● 亮度遮罩：能够读取遮罩图层中的不透明度信息和亮度信息。应用该遮罩类型后，图层除了受不透明度影响外，同时还将受到亮度影响，像素的亮度值为100%时为不透明状态，如图5-57所示。

● 亮度反转遮罩：与亮度遮罩的原理相反，像素的亮度值为0%时为不透明状态，如图5-58所示。

图 5-56    应用 Alpha 反转遮罩的效果

图 5-57    应用亮度遮罩的效果

图 5-58    应用亮度反转遮罩的效果

## 5.2.3    应用遮罩

在应用遮罩时，需要先调整图层的顺序，让遮罩图层位于被遮罩图层的上方，然后单击"时间轴"面板下方的 切换开关 模式 按钮切换模式，再单击被遮罩图层"轨道遮罩"栏中的"无"下拉列表框，在打开的下拉列表中可选择并应用不同的遮罩类型选项，如图5-59所示。应用遮罩后，遮罩图层将被隐藏，且图层名称左侧将显示 ■ 图标，被遮罩图层名称左侧将显示 ■ 图标，如图5-60所示。

图5-59　遮罩类型　　　　　　　　　　　　　图5-60　应用遮罩

🔔 **提示**

　　默认情况下，遮罩将只能应用于一个图层，若需要将遮罩应用于多个图层，可先预合成多个图层，然后将遮罩应用于预合成图层。

**技能提升**

　　根据遮罩的原理，可以先让遮罩图层产生不透明度或亮度的变化，改变被遮罩图层的显示范围，使其逐渐隐藏，显示出下层图层的画面，从而制作出特殊的转场样式。尝试绘制一个动态的遮罩图层，通过遮罩图层的不透明度或者亮度来划分画面中的不同区域，为提供的两个素材（素材位置：技能提升\素材\第5章\风景1.mp4、风景2.mp4）制作独特的遮罩转场效果，从而加深对遮罩的了解，并提升遮罩的应用能力，参考效果如图5-61所示。

高清视频

图5-61　运用遮罩转场参考效果

## 5.3 课堂实训

### 5.3.1 制作水墨风宣传片

**1. 实训背景**

　　江雅古镇是拥有千年历史文化的旅游景区，为促进当地旅游业的发展，扩大知名度和影响力，景区宣传部准备制作宣传片。要求该宣传片采用水墨风，在画面中展示古镇风景的同时配以相应的文字描述信息，尺寸为1280像素×720像素。

水墨风是一种恬淡、静雅的中式艺术风格，也是中国文化的独特元素，在影视后期合成中，水墨风可以营造出一种古朴的氛围，使画面具有独特的意境、格调及气韵。

### 2. 实训思路

（1）制作水墨风效果。为了营造出水墨风的氛围，可利用提供的"水墨素材.mp4"素材结合遮罩功能来展示江雅古镇的风景，通过墨点的不断扩大使画面内容逐渐显示出来，如图5-62所示。

图5-62　营造水墨风氛围

（2）添加文字和装饰。为丰富画面效果，可在展现江雅古镇的风景时，在画面的空白处输入"江雅古镇"主题文字和"桥西一曲水通村，岸阁浮萍绿有痕。""邂逅千年古镇 远离城市喧嚣"描述性文字。另外，还可在主题文字旁添加印章图像作为装饰元素，在画面中起到画龙点睛的作用。

本实训的参考效果如图5-63所示。

高清视频

图5-63　制作水墨风宣传片参考效果

素材位置：素材\第5章\水墨风宣传片
效果位置：效果\第5章\水墨风宣传片.aep

### 3. 步骤提示

视频教学：
制作水墨风
宣传片

**步骤 01**　新建项目文件，以及名称为"水墨风宣传片"、大小为"1280像素×720像素"、持续时间为"0:00:07:00"、背景颜色为"白色"的合成文件。

**步骤 02**　导入"水墨风宣传片"文件夹中的所有素材，将"图像1.jpg""水墨素材.mp4"素材拖入"时间轴"面板中，适当调整素材大小，然后将视频素材设置为图像素材的遮罩。

**步骤 03**　将"文字.png""印章.png"素材拖入"时间轴"面板中，适当调整素材大小，通过不透明度关键帧使素材在0:00:01:00～0:00:01:13逐渐显示。

**步骤 04**　将所有图层预合成为"片段1"预合成图层，然后使其在0:00:02:00～0:00:02:12逐渐隐藏。

**步骤 05** 使用与步骤2相同的方法为"图像2.jpg"素材制作相同的效果,并将"水墨素材.mp4"素材中的水墨移至左侧,再设置这两个图层的入点为"0:00:01:20"。

**步骤 06** 使用"直排文字工具" 🅣在画面右侧输入描述性文字,然后使用"矩形工具" ▣为其制作逐渐显示的蒙版动画。再将该步骤涉及的相关图层预合成为"片段2"预合成图层,并使其在0:00:04:00~0:00:04:12逐渐消失。

**步骤 07** 使用与步骤2相同的方法为"图像3.jpg"制作水墨效果,设置图层入点为"0:00:03:20",再在画面左侧添加描述性文字、主题文字和印章装饰,将其预合成为"文字"预合成图层后,使用"矩形工具" ▣为其制作逐渐显示的蒙版动画。

**步骤 08** 按【Ctrl+S】组合键保存文件,并设置名称为"水墨风宣传片"。

## 5.3.2 制作美食节目包装

### 1. 实训背景

某电视台准备策划一档以"食之有道"为主题,以探寻各地美食为主旨的节目,现需为其制作相关的节目包装,用于在节目中穿插播放,以强化节目主题的影响力和感染力。要求该节目包装要有创意,能够吸引观众的注意力,并展现出节目主题,尺寸为1280像素×720像素。

### 2. 实训思路

(1)创意展示。为使画面更具吸引力,可先结合钢笔工具组和蒙版路径属性将"痕迹.png"素材制作成使用笔刷绘制出现的动画效果,然后利用遮罩让图像先在笔刷的痕迹中显示,最后逐渐展示出完整的画面,如图5-64所示。

图5-64 创意展示

(2)展示主题。为契合节目的主题,可在画面显示完后使用矩形形状遮盖部分画面,并利用遮罩使文字镂空显示在矩形形状中,以加强画面整体的视觉效果,加深观众的记忆。

本实训的参考效果如图5-65所示。

高清视频

图5-65 制作美食节目包装参考效果

视频教学：
制作美食节目
包装

素材位置：素材\第5章\美食节目包装

效果位置：效果\第5章\美食节目包装.aep

3. 步骤提示

步骤 01 新建项目文件，以及名称为"美食节目包装"、大小为"1280像素×720像素"、持续时间为"0:00:05:00"、背景颜色为"白色"的合成文件。

步骤 02 导入"美食节目包装"文件夹中的所有素材，新建白色的纯色图层，将"美食1.jpg""痕迹.png"素材拖入"时间轴"面板中，适当调整素材大小，并将"美食1.jpg"图层置于底层。

步骤 03 选择"痕迹.png"图层，使用"钢笔工具" ▮绘制蒙版路径，并在0:00:00:00 ~ 0:00:01:00创建蒙版路径属性的关键帧，制作出痕迹逐渐显示的效果。

步骤 04 将"痕迹.png"图层与纯色图层预合成为"痕迹动画1"预合成图层，然后复制"美食1.jpg"图层，并将其置于顶层，再分别在0:00:00:21和0:00:01:03处添加不透明度为"0%"和"100%"的关键帧。

步骤 05 将"美食2.jpg"素材拖入"时间轴"面板中，适当调整素材大小，使用与步骤3和步骤4相同的方法为"美食2.jpg"图像制作相同的显示动画。

步骤 06 使用"矩形工具" ▮绘制两个与合成等宽的矩形，然后利用位置属性关键帧分别制作从上往下和从下往上移动的动画。

步骤 07 使用"横排文字工具" ▮在上方矩形中间输入文字，并将其设置为上方矩形所在图层的遮罩，制作出镂空文字的效果。

步骤 08 按【Ctrl+S】组合键保存文件，并设置名称为"美食节目包装"。

# 5.4 课后练习

高清视频

练习 1 制作电影宣传片片头

以"保护海洋"为主题的电影《深海奇迹》需要制作宣传片片头。要求展示出导演、监制等人员信息，再在最后显示电影名称。在制作时可使用蒙版为人员信息制作从显示到隐藏的动画效果，使用遮罩为电影名称制作镂空样式，参考效果如图5-66所示。

**图5-66　制作电影宣传片片头参考效果**

素材位置：素材\第5章\海浪.mp4

效果位置：效果\第5章\电影宣传片片头.aep

## 练习 2 制作农产品宣传广告

欣欣农产品店铺即将上新3种农产品，为了增强宣传力度，准备制作农产品宣传广告。要求在片头采用农产品生产基地的视频，并写明店铺名称及优势，然后介绍新产品的图像、名称及特点。在制作时可采用遮罩设计片头，再利用蒙版为新产品的介绍内容制作动画，参考效果如图5-67所示。

高清视频

**图5-67　制作农产品宣传广告参考效果**

素材位置：素材\第5章\农产品宣传广告

效果位置：效果\第5章\农产品宣传广告.aep

第 **6** 章

## 应用视频效果

　　AE中提供过渡、调色、抠像等多种视频效果，能够快速为视频添加过渡效果、调整色彩及抠取画面内容等。用户在影视后期合成时，通过应用这些视频效果，能够在提升视频画面质量的同时，提高工作效率。

**▊ 📖 学习目标**
　　◎ 掌握添加视频效果的方法
　　◎ 掌握调整视频效果的技巧

**▊ ◈ 素养目标**
　　◎ 培养对视频效果的审美能力
　　◎ 培养对视频抠像的学习兴趣，提高影视后期合成的水平

**▊ ◈ 案例展示**

企业宣传片　　　　　　　　创意片头　　　　　　　节目定格展示介绍

# 6.1
# 过渡效果

很多影视后期合成作品的画面通常由多个场景或片段拼接而成，而场景与场景之间的切换，就叫作过渡。在AE中，可以应用过渡效果让图层上的画面以各种形态逐渐消失，直至完全显示出下方图层中的画面，使画面的切换更为流畅、自然。常用的过渡效果有渐变擦除、卡片擦除、光圈擦除等。

## 6.1.1 课堂案例——制作旅游风景 Vlog

**案例说明：**某旅游博主准备将此次旅行所拍摄的视频制作成一个旅游风景Vlog，然后将其发布到短视频平台中，分享旅游中的所见所得。要求适当调整视频的播放速度，且各个画面之间的切换要流畅，参考效果如图6-1所示。

**知识要点：**渐变擦除；卡片擦除；光圈擦除。

**素材位置：**素材\第6章\旅游风景

**效果位置：**效果\第6章\旅游风景Vlog.aep

具体操作步骤如下。

图6-1 制作旅游风景 Vlog 参考效果

**步骤 01** 新建项目文件，以及名称为"旅游风景Vlog"、大小为"1280像素×720像素"、持续时间为"0:00:22:00"的合成文件。

视频教学：
制作旅游风景
Vlog

**步骤 02** 导入"旅游风景"文件夹中的所有视频素材，然后将所有视频素材拖曳至"时间轴"面板中，按【Ctrl+Alt+F】组合键使其适应合成大小，接着关闭所有音频，并按照"视频1~视频5"的顺序从上往下进行排列图层。分别调整5个视频图层的入点与出点、持续时间和伸缩，如图6-2所示。

图6-2 调整5个视频图层的入点与出点、持续时间和伸缩

**步骤 03** 选择"横排文字工具"，设置字体为"方正康体简体"、填充颜色为"#FFFFFF"、字体大小为"100像素"、字符间距为"10"，在画面右下角输入"旅游风景"文字。分别在

0:00:03:00和0:00:05:00处添加不透明度为"100%"和"0%"的关键帧,以及在0:00:00:00和0:00:05:00处添加位置属性关键帧,制作文字从下往上移动的动画。

步骤 04 选择"视频1"图层,选择【效果】/【过渡】/【卡片擦除】命令,"合成"面板中的画面将自动变为图6-3所示的形态。将时间指示器移至0:00:05:00处,选择【窗口】/【效果控件】命令,打开"效果控件"面板,设置背面图层为"3.视频2.mp4"、行数为"8"、列数为"10"、翻转顺序为"左上到右下",如图6-4所示。

图6-3 应用"卡片擦除"效果 　　　　　图6-4 设置"卡片擦除"效果参数

步骤 05 单击过渡完成属性左侧的"时间变化秒表"按钮 添加关键帧,并设置参数为"0%",再将时间指示器移至0:00:06:00处,修改参数为"100%",视频1的过渡效果如图6-5所示。

图6-5 视频1的过渡效果

步骤 06 选择"视频2"图层,选择【效果】/【过渡】/【渐变擦除】命令,在"效果控件"面板中设置过渡柔和度为"40%",然后分别在0:00:09:00和0:00:10:00处为过渡完成属性添加值为"0%"和"100%"的关键帧,视频2的过渡效果如图6-6所示。

图6-6 视频2的过渡效果

步骤 07 使用与步骤6相同的方法为"视频3"图层应用"渐变擦除"效果,并设置过渡柔和度为"100%",然后分别在0:00:13:00和0:00:14:00处为过渡完成属性添加值为"0%"和"100%"的关键帧,视频3的过渡效果如图6-7所示。

步骤 08 选择"视频4"图层,选择【效果】/【过渡】/【光圈擦除】命令,在"效果控件"面板中单击光圈中心右侧的 按钮,鼠标指针将变为 形状,然后在画面中心单击确定光圈中心的位置,再设置点光圈为"32"，分别在0:00:17:00和0:00:18:00处为外径属性添加值为"0"和"1281"的关键帧，视频4的过渡效果如图6-8所示。

图6-7　视频3的过渡效果

图6-8　视频4的过渡效果

**步骤 09** 按【Ctrl+S】组合键保存文件，并设置名称为"旅游风景Vlog"。

## 6.1.2　渐变擦除

"渐变擦除"效果可以根据该图层或其他图层中像素的明亮度来决定消失的顺序，如图6-9所示，从明亮度最低的黑色像素开始逐渐消失。

图6-9　"渐变擦除"效果

选择图层后，选择【效果】/【过渡】命令，可在弹出的子菜单中选择相应命令为该图层添加对应的过渡效果，或直接拖曳"效果和预设"面板中"过渡"栏中的效果到相应图层上，然后在"效果控件"面板中设置相应属性，图6-10所示为"渐变擦除"效果对应的属性。其他效果的应用方法与此相同，后文不再赘述。

图6-10　"渐变擦除"效果参数

- 过渡完成：用于设置过渡效果的程度。值为"100%"时，应用该效果的图层上的像素变为完全透明，其下层图层上的像素将完全显示。通常可以在一定的时间内为该属性创建"0%"到"100%"的关键帧来制作过渡动画。在AE提供的所有过渡效果中，除了"光圈擦除"效果外，其他过渡效果都具有此属性。
- 过渡柔和度：用于设置图层中每个像素渐变的程度。值为"0%"时，在过渡的中间阶段像素将保持不透明状态；值大于"0%"时，在过渡的中间阶段像素将呈现半透明状态。

- 渐变图层：用于设置应用该效果的图层消失时是基于哪个图层中相应像素的明亮度。渐变图层必须与应用该效果的图层位于同一个合成中。
- 渐变位置：用于设置渐变图层中的像素如何影响应用该效果的图层中的像素。选择"拼贴渐变"选项，可使用平铺的多个渐变图层；选择"中心渐变"选项，可在图层中心使用单个渐变图层；选择"伸缩渐变以适合"选项，可调整渐变图层的大小以适合应用该效果的图层所有区域。
- 反转渐变：选中该复选框，可反转渐变图层中深色像素和浅色像素产生的影响。

## 6.1.3 卡片擦除

"卡片擦除"效果可以使运用该效果的图层生成一组卡片，然后以翻转的形式显示每张卡片的背面，如图6-11所示。

图6-11 "卡片擦除"效果

图6-12所示为"卡片擦除"效果对应的属性。

- 过渡宽度：用于设置从原始图层更改到新图像的区域的宽度。
- 背面图层：用于设置卡片背面显示的图层。
- 行数和列数：用于设置行数和列数的关系。选择"独立"选项可激活行数属性和列数属性；选择"列数受行数控制"选项将只激活行数属性，并且列数与行数相同。
- 行数或列数：用于设置卡片的行数或列数。该数值取值范围为1~1000。
- 卡片缩放：用于设置卡片的大小。值小于1时将缩小卡片；值大于1时将放大卡片，且卡片之间互相重叠，形成块状的马赛克效果。
- 翻转轴：用于设置卡片翻转的轴。可选择"X""Y"或"随机"选项。

图6-12 "卡片擦除"效果参数

- 翻转方向：用于设置卡片翻转的方向，可选择"正向""反向"或"随机"选项。
- 翻转顺序：用于设置产生过渡的方向，可选择"从左到右""从右到左""自上而下"等9种顺序选项。其中，选择"渐变"选项时，可先翻转渐变图层中像素较暗的部分。
- 渐变图层：用于设置在"翻转顺序"下拉列表框中选择"渐变"选项时所应用的渐变图层。
- 随机时间：用于使卡片翻转的时间随机化。该数值越大，卡片翻转的随机性越大。
- 随机植入：更改该属性的值不会增加或减少卡片翻转的随机性，只会改变随机翻转的卡片，用于为同一个过渡效果制作出不同的随机性。

- 摄像机系统：可选择"摄像机位置""边角定位"或"合成摄像机"选项来渲染卡片。
- 摄像机位置：通过设置摄像机位置的相关属性，改变查看卡片的方向。
- 边角定位：通过调整4个角的位置可将图像放置于倾斜的平面中。
- 灯光：用于添加灯光并设置灯光的相关属性。
- 材质：通过设置漫反射、镜面反射、高光锐度等属性改变卡片的材质。
- 位置抖动：通过设置$x$、$y$、$z$轴的抖动量和抖动速度改变卡片的位置。
- 旋转抖动：通过设置$x$、$y$、$z$轴的旋转抖动量和旋转抖动速度改变卡片的旋转角度。

## 6.1.4 光圈擦除

"光圈擦除"效果可以使运用该效果的图层以指定的某个点进行径向过渡，如图6-13所示。

**图6-13 "光圈擦除"效果**

图6-14所示为"光圈擦除"效果对应的属性。

- 光圈中心：用于设置光圈中心的位置。可直接单击■按钮，当鼠标指针变为■形状时，在画面中单击指定光圈中心的位置。
- 点光圈：用于设置光圈的点数，取值范围为6~32。
- 外径：用于设置光圈的外径大小。
- 使用内径：选中该复选框后，可激活下方的内径属性，用于设置光圈的内径大小。
- 旋转：用于设置光圈的旋转角度。
- 羽化：用于设置光圈的羽化程度。

**图6-14 "光圈擦除"效果参数**

## 6.1.5 课堂案例——制作企业宣传片

**案例说明**：拾之趣文化有限公司为提升企业形象和知名度，准备制作一个企业宣传片。要求结合提供的素材进行展示，为各素材之间添加相应的过渡效果，并通过添加文字介绍公司的名称、主营内容及优势，彰显出企业的实力，参考效果如图6-15所示。

**知识要点**：线性擦除；径向擦除；块溶解；百叶窗。

**素材位置**：素材\第6章\企业宣传片素材

**效果位置**：效果\第6章\企业宣传片.aep

高清视频

图6-15　制作企业宣传片参考效果

具体操作步骤如下。

视频教学：
制作企业宣传片

**步骤 01** 新建项目文件，以及名称为"企业宣传片"、大小为"1280像素×720像素"、持续时间为"0:00:18:00"的合成文件。

**步骤 02** 导入"企业宣传片素材"文件夹中的所有图像素材，将"封面.jpg"图像素材拖曳至"时间轴"面板中，适当调整大小。

**步骤 03** 使用"矩形工具"■在画面中间绘制一个与合成大小等宽的白色矩形，并设置不透明度为"70%"。选择【效果】/【过渡】/【线性擦除】命令，选择【窗口】/【效果控件】命令，打开"效果控件"面板，设置擦除角度为"0x+0°"，如图6-16所示，然后分别在0:00:00:00和0:00:01:00处为过渡完成属性添加值为"100%"和"0%"的关键帧，如图6-17所示。

图6-16　设置"线性擦除"效果参数

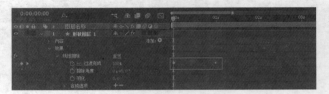

图6-17　添加关键帧

**步骤 04** 选择"横排文字工具"Ⅲ，设置字体为"方正特雅宋_GBK"、填充颜色为"#2D88B2"，在白色矩形内输入"拾之趣文化有限公司"文字，然后在文字下方创建一个文本框，并在其中输入"企业信息.txt"素材中的文字，适当调整文字的大小和字符间距。

**步骤 05** 选择"拾之趣文化有限公司"文本图层，分别在0:00:00:12和0:00:01:12处添加不透明度为"0%"和"100%"的关键帧；将时间指示器移至0:00:01:12处，选择【窗口】/【效果和预设】命令，打开"效果和预设"面板，依次展开"*动画预设""Text""Animate In"栏，将"单词淡化上升"预设拖曳至企业信息所在的文本图层，自动为文本创建动画。将所有图层预合成为"开头"预合成图层，开头效果如图6-18所示。

图6-18　开头效果

**步骤 06** 将"氛围.jpg"素材拖曳至"时间轴"面板中的底层，适当调整大小。选择"开头"预合成图层，选择【效果】/【过渡】/【径向擦除】命令，分别在0:00:04:00和0:00:05:00处为过渡完成属性添加值为"0%"和"100%"的关键帧，视频的过渡效果如图6-19所示。

图6-19 视频的过渡效果（一）

**步骤 07** 使用"矩形工具"■在左下角绘制一个填充颜色为"#2D88B2"的矩形，然后使用"横排文字工具"Ｔ在矩形中输入文字"和谐的工作氛围"，设置字体为"方正兰亭黑简体"、填充颜色为"#FFFFFF"，适当调整文字的大小和字符间距。

**步骤 08** 同时选择步骤7创建的形状图层和文本图层，选择【效果】/【过渡】/【块溶解】命令，在"效果控件"面板中设置块宽度属性为"10"，块高度属性为"10"，羽化属性为"5"，如图6-20所示，然后分别在0:00:05:00和0:00:05:12处为过渡完成属性添加值为"100%"和"0%"的关键帧，过渡效果如图6-21所示。将与氛围相关的3个图层预合成为"氛围"预合成图层。

图6-20 设置"块溶解"效果参数

图6-21 过渡效果

**步骤 09** 将"环境.jpg"素材拖曳至"时间轴"面板中的底层，适当调整大小。选择"氛围"预合成图层，选择【效果】/【过渡】/【百叶窗】命令，在"效果控件"面板中设置宽度为"50"，分别在0:00:07:00和0:00:08:00处为过渡完成属性添加值为"0%"和"100%"的关键帧，视频的过渡效果如图6-22所示。

**步骤 10** 双击打开"氛围"预合成图层，同时选择形状图层和文本图层，按【Ctrl+C】组合键复制，然后切换到"企业宣传片"合成，按【Ctrl+V】组合键粘贴，再按【U】键显示关键帧，调整关键帧位置至0:00:08:00和0:00:08:12处，调整形状图层和文本图层的位置，并修改文本内容为"良好的办公环境"，然后将与环境相关的3个图层预合成为"环境"预合成图层。

**步骤 11** 将"休息.jpg"素材拖曳至"时间轴"面板中的底层，适当调整大小。使用与步骤10相同的方法复制形状图层和文本图层并调整关键帧位置至0:00:11:00和0:00:11:12处，调整形状图层和文本图层的位置，修改文本内容为"舒适的休息空间"，然后将与休息相关的3个图层预合成为"休息"预合成图层。

图6-22 视频的过渡效果（二）

**步骤 12** 选择"氛围"预合成图层，在"效果控件"面板中选择"百叶窗"效果，按【Ctrl+C】组合键复制，然后选择"环境"预合成图层，在"效果控件"面板中按【Ctrl+V】组合键粘贴。重复操作将"开头"

预合成中的过渡效果复制到"休息"预合成图层中，最后再调整过渡完成属性关键帧的位置，如图6-23所示。

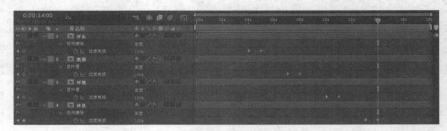

图6-23　调整过渡完成属性关键帧的位置

步骤 13　将"封面.jpg"图像素材拖曳至"时间轴"面板中的底层，适当调整大小，此时视频的过渡效果如图6-24所示。

图6-24　视频的过渡效果（三）

步骤 14　使用"矩形工具"▢在封面画面中间绘制一个与合成大小等宽的白色矩形，并设置不透明度为"70%"，然后使用"横排文字工具"Ｔ在矩形中输入"欢迎你的加入！"文字，设置字体为"方正特雅宋_GBK"、填充颜色为"#2D88B2"。同时选择这两个图层，应用"线性擦除"效果，设置擦除角度为"0x-90°"，然后分别在0:00:14:00和0:00:15:00处为过渡完成属性添加值为"100%"和"0%"的关键帧，视频的过渡效果如图6-25所示。

图6-25　视频的过渡效果（四）

步骤 15　按【Ctrl+S】组合键保存文件，并设置名称为"企业宣传片"。

## 6.1.6　块溶解

使用"块溶解"效果可以让运用该效果的图层消失在随机生成的块中，如图6-26所示。

图6-26　"块溶解"效果

图6-27所示为"块溶解"效果对应的属性。

- 块宽度或块高度：用于设置块的宽度或高度。
- 羽化：用于设置块的羽化程度。
- 柔化边缘（最佳品质）：选中该复选框，块的边缘较为模糊；取消选中该复选框，块的边缘较为清晰。

图6-27　"块溶解"效果对应的属性

## 6.1.7　百叶窗

使用"百叶窗"效果可以让运用该效果的图层生成多个矩形条后逐渐变窄消失，如图6-28所示。

图6-28　"百叶窗"效果

图6-29所示为"百叶窗"效果对应的属性。

- 方向：用于设置矩形的方向。
- 宽度：用于设置矩形的宽度。
- 羽化：用于设置矩形的羽化程度。

图6-29　"百叶窗"效果对应的属性

## 6.1.8　径向擦除

使用"径向擦除"效果可以让运用该效果的图层环绕指定的某个点进行擦除，如图6-30所示。

图6-30　"径向擦除"效果

图6-31所示为"径向擦除"效果对应的属性。

- 起始角度：用于设置过渡开始时擦除的角度。
- 擦除中心：用于设置环绕点的位置。
- 擦除：用于设置过渡时的擦除方向。可选择"顺时针""逆时针"或"两者兼有"选项，选择"两者兼有"选项时，将同时从两个方向进行擦除。
- 羽化：用于设置擦除时的羽化程度。

图6-31　"径向擦除"效果对应的属性

## 6.1.9　线性擦除

使用"线性擦除"效果可以按指定的方向对该图层执行简单的线性擦除，如图6-32所示。

图6-32 "线性擦除"效果

图6-33 "线性擦除"效果对应的属性

图6-33所示为"线性擦除"效果对应的属性。

● 擦除角度：用于设置擦除的角度。

● 羽化：用于设置擦除时的羽化程度。

**技能提升**

　　选择【效果】/【过渡】命令，弹出的菜单中还附带有一组由第三方增效工具所提供的名称以CC开头的过渡效果，包括CC Glass Wipe（CC玻璃擦除）、CC Grid Wipe（CC网格擦除）、CC Image Wipe（CC图像擦除）、CC Jaws（CC锯齿）、CC Light Wipe（CC照明式擦除）、CC Line Sweep（CC光线扫描）、CC Radial ScaleWipe（CC径向缩放擦除）、CC Scale Wipe（CC缩放擦除）、CC Twister（CC龙卷风）和CC WarpoMatic（CC自动弯曲）。

　　尝试根据提供的素材（素材位置：技能提升\素材\第6章\春季）制作一个春季风景Vlog，并选择性应用上述过渡效果，参考效果如图6-34所示。

高清视频

图6-34 制作旅游风景Vlog参考效果

# 6.2 调色效果

　　不同的色彩往往能够表达不同的情感，从而引发观众不同的反应。因此，在影视后期合成中，为视频画面调色能够在提升画面效果的基础上吸引观众并让其产生共鸣。

## 6.2.1 课堂案例——调色美食视频

　　案例说明：某短视频博主拍摄了一个美食探店视频，准备将其发布到平台中以吸引关注。但由于店内光线问题，导致拍摄画面存在偏色，且食物色彩也较为暗淡，因此需要对该视频进行调色处理，使其恢复原本的色彩，调色前后效果对比如图6-35所示。

高清视频

知识要点：Lumetri颜色；调整曲线。

素材位置：素材\第6章\美食视频.mp4

效果位置：效果\第6章\调色美食视频.aep

图6-35　调色前后效果对比（一）

#### 设计素养

在调色影视后期合成作品时，可针对视频画面中的问题逐步地进行调整，如画面整体出现偏色时，可直接校正色调；画面出现局部曝光过度或曝光不足时，可调整亮度、曝光度等；另外，还可以针对画面进行个性化调色，使其风格独树一帜。

具体操作步骤如下。

**步骤01**　新建项目文件，以及名称为"调色美食视频"、大小为"800像素×800像素"、持续时间为"0:00:10:00"的合成文件。

**步骤02**　导入"美食视频.mp4"素材，并将其拖曳至"时间轴"面板中，按【Ctrl+Alt+F】组合键使其适应合成大小。

视频教学：
调色美食视频

**步骤03**　选择视频所在的图层，选择【效果】/【颜色校正】/【Lumetri颜色】命令，再选择【窗口】/【效果控件】命令打开"效果控件"面板，展开"基本校正"栏，设置色温为"10"、对比度为"20"、高光为"20"、阴影为"-50"、白色为"-20"，如图6-36所示，调色前后效果对比如图6-37所示。

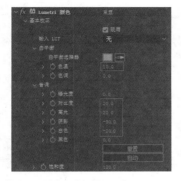

图6-36　设置"效果控件"参数（一）　　　图6-37　调色前后效果对比（二）

**步骤04**　依次在"效果控件"面板中展开"曲线""色相饱和度曲线"栏，单击"色相（与饱和度）选择"右侧的"吸管工具"按钮 ，然后在画面中的蓝色区域中单击进行取样，"色相饱和度曲线"栏下方将出现3个锚点，如图6-38所示，通过调整这3个锚点的位置校正画面中的蓝色区域，如图6-39所示。

图6-38　出现锚点

图6-39　调整锚点位置

**步骤 05** 最终的调色效果如图6-40所示。然后按【Ctrl+S】组合键保存文件，并设置名称为"调色美食视频"。

图6-40　最终的调色效果

## 6.2.2　Lumetri 颜色

"Lumetri颜色"效果集合了多种调色方法，能够满足大多数用户的调色需求，包含基本校正、创意、曲线、色轮等多个属性栏。

（1）基本校正

图6-41　"基本校正"栏中的属性

在"基本校正"栏中可使用预设的颜色查找表（Look Up Table，LUT）效果，也可以手动校正画面的明暗、曝光等，图6-41所示为"基本校正"栏中的属性。

● 现用：取消选中该复选框可禁用"基本校正"栏中的所有设置，便于查看调整前后的效果。

● 输入LUT：可在右侧的下拉列表框中选择预设的LUT效果进行应用。

● 白平衡选择器：用于处理画面中的偏色问题。单击"白平衡选择器"后的"吸管工具"按钮 ，在画面中的白色或中性色的区域单击吸取颜色，系统会自动调整白平衡。

- 色温：用于调整画面中光线的冷暖。
- 色调：用于调整画面总体偏向于哪种色彩。
- "音调"栏：在该栏中，曝光度用于调整画面亮度；对比度用于调整画面对比度；高光用于调整画面亮部；阴影用于调整画面暗部；白色用于调整画面中最亮的白色区域；黑色用于调整画面中最暗的黑色区域。
- ████重置████按钮：单击该按钮，可还原"音调"栏中的初始设置。
- ████自动████按钮：单击该按钮，AE将自动调整"音调"栏中的属性。
- 饱和度：用于调整画面中色彩的鲜艳程度。

（2）创意

在"创意"栏中可以使用预设的滤镜效果，还可以手动调整锐化、饱和度等属性，图6-42所示为"创意"栏中的属性。

图6-42 "创意"栏中的属性

- Look：与调色滤镜类似，可在右侧的下拉列表框中选择预设的效果进行应用。
- 强度：用于设置Look效果的应用强度。
- 淡化胶片：用于增加画面的黑色区域、减少白色区域，使画面变得暗淡。
- 锐化：用于调整视频的清晰度。值越大，画面越清晰；值越小，画面越模糊。
- 自然饱和度：用于调整画面中的饱和度，但只对画面中低饱和度的色彩有影响，对高饱和度色彩的影响较小，以避免画面中的色彩过度饱和。
- 饱和度：用于调整画面中整体色彩的饱和度。
- 分离色调：用于调整阴影和高光中的色彩值。
- 色调平衡：用于平衡画面中多余的洋红色或绿色，以校正画面中的偏色问题。

（3）曲线

在"曲线"栏中可调整RGB曲线与色相饱和度曲线，从而有针对性地准确校正指定色彩的范围。

- RGB曲线：RGB曲线中总共有4条曲线，主曲线为一条白色对角线，主要用于控制画面明暗度（右上角为亮部调整、左下角为暗部调整），其余3条分别为红、绿、蓝通道曲线，可以增加或减少选定的色彩范围。
- 色相饱和度曲线：色相饱和度曲线中有5条曲线，并分成5个单独控制的选项，每个选项中都有"吸管工具"按钮██，可用于吸取色彩，然后在相应的曲线上产生锚点，通过这些锚点来调整该色彩。

其中，"色相与饱和度"用于调整所选色彩的饱和度；"色相与色相"用于将所选色彩更改为另一种色彩；"色相与亮度"用于调整所选色彩的亮度；"亮度与饱和度"用于选择亮度范围并提高或降低其饱和度；"饱和度与饱和度"用于选择饱和度范围并提高或降低其饱和度。

图6-43 3个色轮

（4）色轮

在"色轮"栏中总共有3个色轮，如图6-43所示，分别用于调整画面中的中间调、阴影和高光部分。其中，拖曳左侧的滑块可调整相应区域的亮度，在右侧的色轮中单击可调整相应区域的色调。图6-44所示为调整高光区域的亮度和色调的前后效果对比。

图6-44 调整前后效果对比

（5）HSL次要

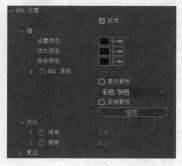

图6-45 "HSL次要"栏中的属性

在"HSL次要"栏中可精确调整画面中的某个特定色彩，图6-45所示为"HSL次要"栏中的属性。

- 设置颜色：用于设置主颜色。
- 添加颜色：用于添加主颜色。
- 移除颜色：用于减去主颜色。
- HSL滑块：用于设置色相（H）、饱和度（S）和亮度（L）的值。
- 显示蒙版：选中该复选框后，可查看吸取的色彩范围。
- 彩色/灰色：用于选择蒙版的显示类型。
- 反转蒙版：选中该复选框，可反转蒙版区域。
- 降噪：用于调整被选取的色彩范围中的噪点。
- 模糊：用于调整被选取的色彩边缘的模糊程度。
- "更正"栏：用于调整色轮、色温、色调等属性。

（6）晕影

图6-46 "晕影"栏中的属性

在"晕影"栏中可通过调整使画面四周变亮或变暗，从而突出画面中心，图6-46所示为"晕影"栏中的属性。

- 数量：用于调整画面中图像的边缘，使其变暗或变亮。值越小，边缘越暗，反之边缘越亮。
- 中点：用于设置画面中图像的晕影范围。值越小，范围越大，反之范围越小。
- 圆度：用于调整画面中图像4个角的圆度大小。
- 羽化：用于调整画面中图像边缘的羽化程度。

## 6.2.3 课堂案例——调色淘宝主图视频

**案例说明：** 某农产品店准备在淘宝网中上新产品，但由于拍摄环境不佳，制作出的主图视频效果不太美观，存在光线不足、色彩不丰富等问题。因此需要对不同的片段进行调色，调色前后效果对比如图6-47所示。

高清视频

知识要点：色调；照片滤镜；色阶；色相/饱和度；曲线。

素材位置：素材\第6章\淘宝主图视频.mp4

效果位置：效果\第6章\调色淘宝主图视频.aep

图6-47　调色前后效果对比（三）

具体操作步骤如下。

**步骤 01** 新建项目文件，导入"淘宝主图视频.mp4"素材，并将其直接拖曳至"时间轴"面板中，基于该素材创建合成文件。

**步骤 02** 为便于单独应用效果进行调色，选择视频所在的图层，根据视频的画面内容，分别在0:00:04:07、0:00:09:02和0:00:16:05处按【Ctrl+Shift+D】组合键拆分图层，如图6-48所示。

视频教学：
调色淘宝主图
视频

图6-48　拆分图层

**步骤 03** 选择第1段视频所在的图层，选择【效果】/【颜色校正】/【色调】命令，再选择【窗口】/【效果控件】命令打开"效果控件"面板，在"色调"栏中单击"将黑色映射到"右侧的"吸管工具"按钮，然后在画面中的棕色区域单击进行取样，并设置着色数量为"30%"，以改变画面中深色区域的色调。选择【效果】/【颜色校正】/【照片滤镜】命令，在"效果控件"面板中设置滤镜为"暖色滤镜(LBA)"、密度为"30%"，使整体画面色调偏暖，如图6-49所示，第1段视频画面调色前后效果对比如图6-50所示。

图6-49　设置照片滤镜参数

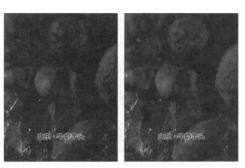

图6-50　第1段视频画面调色前后效果对比

**步骤 04** 选择【效果】/【颜色校正】/【色阶】命令，在"效果控件"面板中分别拖曳直方图下方的3个滑块至图6-51所示的位置，或直接设置输入黑色、输入白色和灰度系数为"23""210""1.53"，以调整画面中阴影、中间调和高光区域的明亮度，调色效果如图6-52所示。

**步骤 05** 选择第2段视频所在的图层，选择【效果】/【颜色校正】/【色相/饱和度】命令，设置主饱和度为"25"，如图6-53所示，以加强画面中的色彩效果。

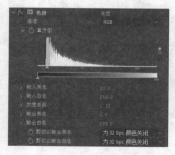

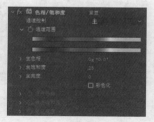

图6-51 设置色阶参数　　　　图6-52 调色效果　　　　图6-53 设置色相/饱和度参数

**步骤 06** 为第2段视频应用"色阶"效果，设置输入黑色、输入白色和灰度系数分别为"23""210""1.35"，第2段视频画面调色前后效果对比如图6-54所示。

**步骤 07** 选择第3段视频所在的图层，使用与步骤5相同的方法为其应用"色相/饱和度"效果，并设置主饱和度为"20"，然后设置通道控制为"绿色"，再设置绿色饱和度为"20"；为该图层应用"色阶"效果，设置输入黑色、输入白色和灰度系数分别为"12""162""0.84"，第3段视频画面调色前后效果对比如图6-55所示。

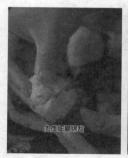
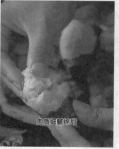

图6-54 第2段视频画面调色前后效果对比　　　　图6-55 第3段视频画面调色前后效果对比

**步骤 08** 选择第4段视频所在的图层，应用"色相/饱和度"效果，并设置主饱和度为"37"。选择【效果】/【颜色校正】/【曲线】命令，然后在"效果控件"面板中的曲线上单击创建控制点，并向上拖曳锚点，如图6-56所示，以提高画面明亮度，调色前后效果对比如图6-57所示。

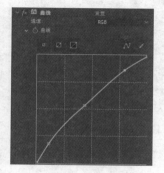

图6-56 设置"曲线"参数　　　　图6-57 调色前后效果对比（四）

步骤 **09** 按【Ctrl+S】组合键保存文件，并设置名称为"调色淘宝主图视频"。

## 6.2.4 照片滤镜

使用"照片滤镜"效果可以为画面添加滤镜效果，使其产生偏向某种颜色的效果。图6-58所示为"照片滤镜"效果对应的属性，在"滤镜"下拉列表框中可选择合适的滤镜类型，如冷色滤镜、暖色滤镜等，也可在其中选择"自定义"选项后，激活下方的"颜色"属性，并在其中自定义滤镜颜色。应用"冷色滤镜(80)"滤镜的前后效果对比如图6-59所示。

图6-58 "照片滤镜"效果对应的属性　　图6-59 前后效果对比

## 6.2.5 色调

"色调"效果主要用于调整画面中所包含的颜色信息，图6-60所示为"色调"效果对应的属性，可使用"将黑色映射到"和"将白色映射到"指定的颜色之间的值替换画面中每个像素的颜色值，而"着色数量"用于设置效果的强度。应用该效果的前后效果对比如图6-61所示。

图6-60 "色调"效果对应的属性　　图6-61 前后效果对比

## 6.2.6 色阶

色阶可以表现画面中的明暗关系，因此使用"色阶"效果可以调整画面中的明亮对比，以及阴影、中间调和高光的强度级别，图6-62所示为"色阶"效果对应的属性。

● 通道：用于选择调整画面颜色的通道。
● 直方图：用于显示每个色阶像素密度的统计分析信息，其下方有3个色阶滑块，从左到右依次对应阴影、中间调和高光。在直方图中，从左到右的区域也代表了0~255色阶，0代表最暗的黑色区域，255代表最亮的白色区域，中间表示灰色区域，由左往右表示从黑（暗）到白（亮）的亮度级别。在色阶滑块下

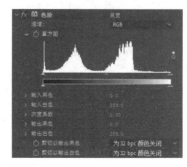

图6-62 "色阶"效果对应的属性

方还有一个"输出色阶"滑动条，用于设置图像中的亮度范围，可改变画面的明暗度，将滑块向右拖曳时可以使图像变亮；向左拖曳时可以使图像变暗。

● 输入黑色：用于设置黑色输入时的级别，向右拖曳右侧的参数将使画面中最暗的颜色变得更暗，与直方图中的阴影滑块作用相同。

● 输入白色：可用于设置白色输入时的级别，向左拖曳右侧的参数将使画面中最亮的颜色变得更亮，与直方图中的高光滑块作用相同。

● 灰度系数：用于设置中间调输入时的级别，向左拖曳右侧的参数将使画面中中间调的颜色变暗；向右拖曳该滑块将使画面中的中间调颜色变亮，与直方图中的中间调滑块作用相同。

● 输出黑色：用于设置黑色输出时的级别，与"输出色阶"滑动条中左侧滑块作用相同。

● 输出白色：用于设置白色输出时的级别，与"输出色阶"滑动条中右侧滑块作用相同。

## 6.2.7　色相 / 饱和度

"色相/饱和度"效果可用于调整画面中各个通道的色彩、饱和度和亮度，图6-63所示为"色相/饱和度"效果对应的属性，选中"彩色化"复选框后可激活其下方的3个属性，以制作单色调效果。图6-64所示为增强主饱和度和主亮度的前后效果对比。

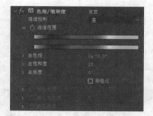

图6-63　"色相/饱和度"效果对应的属性　　　　图6-64　增强主饱和度和主亮度的前后效果对比

## 6.2.8　曲线

使用"曲线"效果可以调整画面中的色调范围，图6-65所示为"曲线"效果对应的属性。

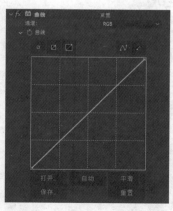

● 通道：在该下拉列表框中可以选择不同的色彩通道。

● ▇▇▇▇按钮组：单击相应按钮可调整曲线的显示大小。

● ▇按钮：默认选择该按钮，在曲线框中单击并拖曳锚点，可以调整画面的明暗程度。

● ▇按钮：单击该按钮，可在曲线框中绘制任意曲线。

● 打开按钮：单击该按钮，可在打开的对话框中选择已保存的曲线文件或贴图文件。

● 自动按钮：单击该按钮，AE将自动调整曲线。

● 平滑按钮：单击该按钮，可使用铅笔绘制平滑的曲线，多次平滑可以无限接近默认曲线。

● 保存按钮：单击该按钮，可将当前调整的曲线保存为曲线文件，或将使用铅笔绘制的曲线保存为贴图文件，便于重复使用。

图6-65　"曲线"效果对应的属性

● ▊重置▊按钮：单击该按钮，可恢复为默认曲线。

🔗 **资源链接**

除了以上调色效果外，选择【效果】/【颜色校正】命令，在弹出的菜单中还有其他较为常用的调色效果，具体的介绍可扫描右侧的二维码，查看详细内容。

扫码看详情

**技能提升**

在"Lumetri颜色"效果的"基本校正"栏中，可使用外部预设好的LUT效果，从而快速对视频进行调色，调色前后效果对比如图6-66所示。其添加方法：打开AE的安装路径，将文件夹（素材位置：技能提升\素材\第6章\Davinci-Resolve-LUT）中的所有文件复制到"Adobe After Effects 2022\Support Files\Lumetri\LUTs\Technical"文件夹中，然后重启AE，为选择的图层应用"Lumetri颜色"效果后，可在"基本校正"栏中的"输入LUT"下拉列表框中选择安装好的外部预设选项。

尝试使用外部预设好的LUT效果调整素材（素材位置：技能提升\素材\第6章\街道.mp4）的画面效果，以掌握应用外部调色效果的方法，从而提高影视后期合成的工作效率。

图6-66　调色前后效果对比（五）

# 6.3 抠像效果

通过抠像效果可以将实景拍摄的素材与其他素材进行合成，从而制作出在现实生活中难以实现的画面，同时还能处理一些高难度的动作视频及制作特效场景等。

## 6.3.1　课堂案例——制作创意片头

案例说明：《走进电影世界》是一档以点评经典电影为主题的节目，为增强观众的视觉体验，准备

高清视频

制作一个极具创意性的新片头。要求将拍摄电影时常见的场记板融入片头中，并在其中展示出节目的名称，参考效果如图6-67所示。

**知识要点：** Keylight；创建与编辑文字；关键帧。

**素材位置：** 素材\第6章\创意片头素材

**效果位置：** 效果\第6章\创意片头.aep

图6-67 创意片头素材参考效果

具体操作步骤如下。

视频教学：
制作创意片头

**步骤 01** 新建项目文件，以及名称为"创意片头"、大小为"1280像素×720像素"、持续时间为"0:00:08:00"的合成文件。

**步骤 02** 导入"创意片头素材"文件夹中的所有素材，将"背景.mp4"素材拖曳至"时间轴"面板中，适当调整大小，在其上单击鼠标右键，在弹出的快捷菜单中选择【时间】/【时间伸缩】命令，打开"时间伸缩"对话框，设置拉伸因数为"50%"，单击 确定 按钮。

**步骤 03** 将"道具.mp4"素材拖曳至"时间轴"面板中，按【Ctrl+Alt+F】组合键使其适应合成大小。选择【效果】/【Keying】/【Keylight(1.2)】命令，然后选择【窗口】/【效果控件】命令，打开"效果控件"面板，单击"Screen Colour"右侧的"吸管工具"按钮 ，鼠标指针变为 形状，然后将鼠标指针移至"合成"面板中，单击画面中的绿色部分，去除画面绿色部分的前后效果对比如图6-68所示。

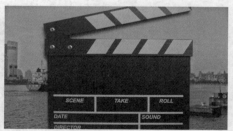

图6-68 去除绿色部分的前后效果对比

**步骤 04** 此时场记板图像中的白色区域还有些偏绿，可在"效果空间"面板中设置Screen Balance为"80"，以校正偏色。

**步骤 05** 使用"横排文字工具" 在场记板中间输入"走进电影世界"文字，设置字体为"方正特雅宋_GBK"、填充颜色为"#FFFFFF"，适当调整文字的大小和字符间距。然后分别在0:00:02:00和0:00:02:06处添加不透明度为"100%"和"0%"的关键帧。

步骤 06 按【Ctrl+S】组合键保存文件，并设置名称为"创意片头"。

## 6.3.2 Keylight

"Keylight"是一个高效、便捷且功能强大的抠像效果，能通过所选颜色对画面进行识别，然后抠除掉画面中对应颜色的区域。图6-69所示为"Keylight"效果对应的属性。

- 视图（View）：用于设置"合成"面板中的预览方式。默认为最后结果（Final Result）视图选项，如图6-70所示。另外，Screen Matte（屏幕遮罩）也是比较常用的视图选项，可用于查看抠像结果的黑白剪影图，如图6-71所示。
- 屏幕颜色（Screen Colour）：用于设置需要抠除的背景颜色。可以在色块上单击，在打开的对话框中设置颜色值，也可以单击右侧的"吸管工具"按钮■，然后直接吸取画面中的颜色。
- 屏幕增益（Screen Gain）：用于设置扩大或缩小抠像的范围。

图6-69　"Keylight"效果对应的属性

图6-70　Final Result 视图

图6-71　Screen Matte 视图

- 屏幕平衡（Screen Balance）：用于调整Alpha通道的对比度。绿幕抠像时默认值为50，当数值大于50时，画面整体颜色会受Screen Color属性影响；而小于50时则会受Screen Color属性以外的颜色（红色和蓝色）影响。蓝幕抠像时默认值为95。
- 色彩偏移与Alpha偏移（Despill Bias与Alpha Bias）：用于设置色彩和Alpha通道的偏移色彩，可对抠取出的图像边缘进行细化处理。
- 屏幕模糊（Screen Pre-blur）：用于设置边缘的模糊程度，适合有明显噪点的图像。
- 屏幕遮罩（Screen Matte）：用于设置屏幕遮罩的具体参数。
- 内侧蒙版（Inside Mask）：用于防止抠取图像中的颜色与Screen Color相近而被抠除掉，绘制蒙版后，可使蒙版区域内的图像在抠像时保持不变，如图6-72所示。
- 外侧蒙版（Outside Mask）：功能与Inside Mask相反，可将蒙版区域内的图像都抠除掉，如图6-73所示。

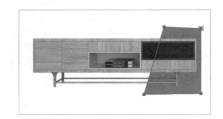

图6-72　使用 Inside Mask

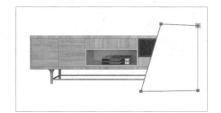

图6-73　使用 Outside Mask

- 前景颜色校正（Foreground Colour Correction）：用于校正抠取图像内部颜色。

● 边缘颜色校正（Edge Colour Correction）：用于校正抠取图像边缘颜色。
● 源裁剪（Source Crops）：用于快速使用垂直和水平的方式来裁剪不需要的元素。

## 6.3.3 课堂案例——制作果蔬店铺广告

案例说明：安素果蔬店即将开业，为扩大宣传，吸引更多消费者，准备制作一则广告，将其投放到各大平台中。要求在广告中展现出果蔬的图像，再突出店铺"新鲜配送"的特点，最后将其显示在手机样机中以查看广告效果，参考效果如图6-74所示。

知识要点：内部/外部键；线性颜色键。

高清视频

素材位置：素材\第6章\果蔬店铺广告素材

效果位置：效果\第6章\果蔬店铺广告.aep

具体操作步骤如下。

图6-74 制作果蔬店铺广告参考效果

步骤 01 新建项目文件，以及名称为"广告内容"、大小为"1280像素×720像素"、持续时间为"0:00:06:00"、背景颜色为"白色"的合成文件。

视频教学：
制作果蔬店铺广告

步骤 02 导入"果蔬店铺广告素材"文件夹中的所有素材，将"果蔬.jpg"素材拖曳至"时间轴"面板中，适当调整大小。

步骤 03 选择果蔬图像所在的图层，使用"钢笔工具" ✎沿果蔬主体形状边缘的内侧绘制图6-75所示的蒙版，并设置该蒙版（蒙版1）的运算方法为"无"；沿果蔬主体形状边缘的外侧绘制图6-76所示的蒙版，同样设置该蒙版（蒙版2）的运算方法为"无"。

步骤 04 选择【效果】/【抠像】/【内部/外部键】命令，然后选择【窗口】/【效果控件】命令，打开"效果控件"面板，将前景（内部）设置为"蒙版1"；将背景（外部）设置为"蒙版2"，效果如图6-77所示。

图6-75 绘制内侧蒙版　　　图6-76 绘制外侧蒙版　　　图6-77 应用效果

步骤 05 放大可发现抠取的果蔬主体边缘存在许多杂点，在"效果控件"面板中依次展开"清理背景""清理1"栏，设置路径为"蒙版2"、画笔半径为"30"，如图6-78所示。

**步骤 06** 将"背景.jpg"拖曳至"时间轴"面板最下层，并按【Ctrl+Alt+F】组合键使其适应合成大小。将果蔬图像移至画面左侧，使用"横排文字工具"**T**在其右侧输入图6-79所示文字，设置字体为"方正特雅宋_GBK"、填充颜色为"#FFFFFF"，适当调整字体的大小和位置；再使用"圆角矩形工具"▣和"矩形工具"▣为文字绘制装饰元素。

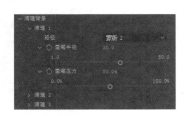

图6-78　设置"清理背景"效果参数

图6-79　输入文字

**步骤 07** 选择果蔬所在的图层，分别在0:00:00:00和0:00:01:00处为位置属性添加关键帧，制作从左至右移动的动画；选择"安素果蔬店"文本图层及下方的形状图层，分别在0:00:01:00和0:00:02:00处为不透明度属性添加值为"0%"和"100%"的关键帧。

**步骤 08** 选择"新鲜配送"文字下方的线段，使用"向后平移（锚点）工具"▣将画面中间的锚点移至线段最左侧，再分别在0:00:01:00和0:00:02:00处为缩放属性添加值为"0，0%"和"100，100%"的关键帧。

**步骤 09** 选择【窗口】/【效果和预设】命令，打开"效果和预设"面板，依次展开"*动画预设""Text""Animate In"栏，将时间指示器移至0:00:02:00处，然后拖曳"平滑移入"预设至"新鲜配送"图层中；选择右侧下方的两行文字，分别在0:00:04:00和0:00:05:00，以及0:00:04:14和0:00:05:14处添加不透明度属性和位置属性的关键帧，制作从下往上逐渐显示的动画。广告效果如图6-80所示。

图6-80　广告效果

**步骤 10** 新建名称为"手机展示效果"、大小为"1280像素×720像素"、持续时间为"0:00:06:00"的合成，将"手机屏幕.jpg"素材拖曳至"时间轴"面板中，选择【效果】/【抠像】/【线性颜色键】命令，在"效果控件"面板中单击"主色"右侧的"吸管工具"按钮▣，然后单击画面中的绿色进行取样，前后效果对比如图6-81所示。

**步骤 11** 将"广告内容"合成拖曳至"时间轴"面板的最下层，适当调整大小，此时的展示效果如图6-82所示。按【Ctrl+S】组合键保存文件，并设置名称为"果蔬店铺广告"。

图6-81　前后效果对比

图6-82　展示效果

## 6.3.4　内部／外部键

"内部/外部键"效果通过为图层创建蒙版来定义图层上对象的边缘内部和外部，从而进行抠像，并且绘制蒙版时可以不需要完全贴合对象的边缘。图6-83所示为"内部/外部键"效果对应的属性。

图6-83　"内部/外部键"效果对应的属性

- 前景（内部）：用于选择图层中的蒙版作为合成中的前景层。
- 其他前景：与前景（内部）功能相同，可再添加10个蒙版作为前景层。
- 背景（外部）：用于选择图层中的蒙版作为合成中的背景层。
- 其他背景：与背景（外部）功能相同，可再添加10个蒙版作为背景层。
- 清理前景与清理背景：清理前景用于沿蒙版增加不透明度；清理背景用于沿蒙版减少不透明度。
- 薄化边缘：用于设置受抠像影响的遮罩边缘。正值使边缘朝透明区域相反的方向移动，可增大透明区域；负值使边缘朝透明区域移动，可增大前景区域。
- 羽化边缘：用于设置抠像区域边缘的柔化程度。需要注意的是，该值越大，渲染时间也就越长。
- 边缘阈值：用于移除使图像背景产生不需要杂色的低不透明度像素。
- 反转提取：选中该复选框，可反转前景与背景的区域。
- 与原始图像混合：用于设置生成的提取图像与原始图像的混合程度。

## 6.3.5　线性颜色键

利用"线性颜色键"效果可将图像中的每个像素与指定的主色进行比较，如果像素的颜色与主色相似，则此像素将变为完全透明；不太相似的像素将变为半透明；完全不相似的像素保持不透明。图6-84所示为"线性颜色键"效果对应的属性。

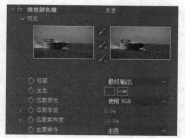

图6-84　"线性颜色键"效果对应的属性

- 预览：用于显示两个缩览图。左侧的缩览图为源图像；右侧的缩览图为在"视图"下拉列表框中选择的视图选项图像。两个缩览图中间还提供3个吸管工具，其中，██用于吸取画面中的颜色作为主色；██用于将其他颜色添加到主色范围中，可增加选择范围的匹配容差；██用于从主色范围中减去其他颜色，可减少选择范围的匹配容差。
- 视图：用于设置"合成"面板中的预览方式。

- 主色：用于设置抠取的主色。
- 匹配颜色：用于选择匹配主色的色彩空间，可选择"使用RGB""使用色相"或"使用色度"选项。
- 匹配容差：用于设置图像中的像素与主色的匹配程度。该数值为0时，可使整个图像变为不透明；该数值为100时，可使整个图像变为透明。
- 匹配柔和度：用于设置图像中的像素与主色匹配时的柔化程度，通常设置在20%以内。
- 主要操作：用于保持应用该效果的抠像结果的同时恢复某些颜色。操作方法：再次应用该效果，并在"效果控件"面板中将其移至第一次应用该效果的下方，然后在"主要操作"下拉列表框中选择"保持颜色"选项。

## 6.3.6　课堂案例——替换视频背景

案例说明：某工作室拍摄了一组花海视频，准备将其用在某视频中充当转场镜头，但由于原视频中的天空色彩较为平淡，因此准备使用其他视频的天空画面替换原视频中的天空画面，使画面更加美观，替换前后效果对比如图6-85所示。

知识要点：颜色差值键。

素材位置：素材\第6章\花海.mp4、天空.mp4

效果位置：效果\第6章\替换视频背景.aep

高清视频

**图6-85　替换前后对比效果**

具体操作步骤如下。

**步骤 01**　新建项目文件，以及名称为"替换视频背景"、大小为"1280像素×720像素"、持续时间为"0:00:10:00"、背景颜色为"白色"的合成文件。

**步骤 02**　导入"花海.mp4""天空.mp4"素材，将"花海.mp4"素材拖曳至"时间轴"面板中，选择【效果】/【抠像】/【颜色差值键】命令，打开"效果控件"面板，单击"主色"右侧的"吸管工具"按钮，在画面天空中的蓝色区域处单击进行取样，应用效果的前后对比如图6-86所示。

视频教学：
替换视频背景

**步骤 03**　在"效果控件"面板中设置视图为"已校正遮罩"，其中黑色区域代表遮罩部分，可发现天空区域并未被完全遮罩，因此需要进行调整。单击图像缩览图之间的第2个"吸管工具"按钮，在天空上方单击两次进行取样，以增加黑色的深度，调整遮罩前后效果对比如图6-87所示。

**步骤 04**　由于下方的花海中也有部分区域被遮罩，因此单击图像缩览图之间的第3个"吸管工具"按钮，在花海中的黑色区域中单击进行取样，以减少黑色的深度，效果如图6-88所示。

图 6-86　应用效果的前后对比

图 6-87　调整遮罩前后效果对比

图 6-88　调整花海处的遮罩

步骤 05 在"效果控件"面板中设置视图为"最终输出",可发现此时花海视频中的天空已被抠取掉。将"天空.mp4"素材拖曳至"时间轴"面板的最下层,适当调整大小,替换后的效果如图6-89所示。按【Ctrl+S】组合键保存文件,并设置名称为"替换视频背景"。

图 6-89　替换后的效果

## 6.3.7 颜色差值键

图 6-90　"颜色差值键"效果对应的属性

利用"颜色差值键"效果可创建明确定义的透明度值,将图像分为"A""B"两个遮罩,然后在相对的起始点创建透明度。其中,"B"遮罩使透明度基于指定的主色,而"A"遮罩使透明度基于主色之外的图像区域,将这两个遮罩合并后则生成第3个遮罩(称为"α遮罩")。图6-90所示为"颜色差值键"效果对应的属性。

● 预览:用于显示两个缩览图。左侧缩览图为源图像;右侧缩览图可通过单击下方相应的按钮来选择显示"A""B"或"α"其中的一种遮罩。两个缩览图中间仍提供3个吸管工具。其中, 用于吸取画面中的颜色作为主色; 用于在遮罩视图内黑色区域中最亮的位置单击指定透明区域,调整最终输出的透明度值; 用于在遮罩视图内白色区域中最暗的位置单击指定不透明区域,调整最终输出的不透明度值。

- 视图：用于设置"合成"面板中的预览方式。选择"未校正"选项可查看不含调整的遮罩；选择"已校正"选项可查看包含所有调整的遮罩；选择"已校正[A，B，遮罩]，最终"选项，可同时显示多个视图，便于查看区别；选择"最终输出"选项可查看最终的抠取效果。
- 主色：用于设置抠取的主色。
- 颜色匹配准确度：用于设置颜色匹配的精度。选择"更快"选项会使渲染速度更快；选择"更准确"选项会增加渲染时间，但可以输出更好的抠像结果。
- 遮罩控件：其中的各类属性中，"黑色"相关的属性用于调整每个遮罩的透明度程度；"白色"相关的属性用于调整每个遮罩的不透明度程度。
- 遮罩灰度系数：用于控制透明度值遵循线性增长的严密程度。

**疑难解答**

**在进行抠像时,如何根据具体需求来选择合适的抠像效果?**

"内部/外部键"效果常用于抠取毛发、羽毛等边缘不清晰的图像；"线性颜色键"效果常用于抠取背景颜色相似的图像；"颜色差值键"效果常用于抠取包含透明或半透明区域的图像，如烟雾、阴影、玻璃等。用户可根据具体需求进行选择。

**资源链接**

除了有以上抠像效果，选择【效果】/【抠像】命令，在弹出的菜单中还有差值遮罩、提取等其他抠像效果，具体的介绍可扫描右侧的二维码，查看详细内容。

扫码看详情

**技能提升**

在进行抠像的过程中，如果抠取的对象边缘有较为复杂的细节，可使用AE自带的"Roto笔刷工具" 进行抠取。操作方法：双击素材打开"图层"面板，使用"Roto笔刷工具" 在需要抠取的区域单击或涂抹，所选区域的边缘将出现紫红色的线条，同时按住【Ctrl】键和鼠标左键可调整笔刷大小，按住【Alt】键单击或涂抹可清除多选的区域，还可在"效果控件"面板中调整抠取效果。抠取完成后，AE将在前后各20帧的范围内自动计算抠取范围，最后可在"合成"面板中查看抠取效果。尝试使用"Roto笔刷工具" 将素材（素材位置：技能提升\素材\第6章\鸽子.mp4）中的背景去除，以提高抠像技术，参考效果如图6-91所示。

**图6-91　抠像参考效果**

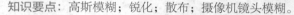

### 6.4
# 其他效果

在AE中，除了有前文介绍的3类视频效果外，还有如风格化、模糊和锐化、模拟等在影视后期合成中较为常用的其他效果组内的效果。

## 6.4.1 课堂案例——制作节目定格展示介绍

**案例说明：** 某生物科普类节目准备制作一期以《动物习性》为研究专题的节目，需要在展示动物的相关视频前，先对动物进行简单的介绍。要求采用定格的方法单独展示动物，且模糊背景视频，使动物及其介绍部分更加突出，参考效果如图6-92所示。

**知识要点：** 高斯模糊；锐化；散布；摄像机镜头模糊。

**素材位置：** 素材\第6章\动物视频.mp4

**效果位置：** 效果\第6章\节目定格展示介绍.aep

高清视频

**图6-92 节目定格展示介绍参考效果**

具体操作步骤如下。

视频教学：
制作节目定格
展示介绍

**步骤 01** 新建项目文件，以及名称为"节目定格展示介绍"、大小为"1280像素×720像素"、持续时间为"0:00:05:00"的合成文件。

**步骤 02** 导入"动物视频.mp4"素材，并将其拖曳至"时间轴"面板中，按【Ctrl+D】组合键复制图层，将下层图层重命名为"背景"，将上层图层重命名为"动物"。

**步骤 03** 隐藏"动物"图层，选择"背景"图层，将时间指示器移至0:00:01:00处，选择【效果】/【模糊和锐化】/【高斯模糊】命令，再选择【窗口】/【效果控件】命令，打开"效果控件"面板，单击模糊度属性左侧的"时间变化秒表"按钮开启关键帧，然后将时间指示器移至0:00:02:00处，设置模糊度为"50"，视频的变化效果如图6-93所示。

**步骤 04** 将时间指示器移至0:00:01:00处，显示并选择"动物"图层，选择【图层】/【时间】/【冻结帧】命令，使画面在该帧定格，并设置图层入点为0:00:01:00。使用"钢笔工具"沿动物周围绘制如图6-94所示的蒙版，并设置蒙版羽化为"20，20"像素。

图6-93　动物视频的变化效果

步骤 **05** 分别在0:00:01:00和0:00:02:00处添加缩放属性和位置属性的关键帧，在0:00:02:00处适当放大图像并调整位置，如图6-95所示。

步骤 **06** 动物放大后较为模糊，因此选择【效果】/【模糊和锐化】/【锐化】命令，将时间指示器移至0:00:01:00处，在"效果控件"面板中单击锐化量属性左侧的"时间变化秒表"按钮◎开启关键帧，然后将时间指示器移至0:00:02:00处，设置锐化量为"30"。

图6-94　绘制蒙版

图6-95　适当放大图像并调整位置

步骤 **07** 使用"矩形工具"■在动物左侧创建一个白色矩形，将其置于"动物"图层下方，然后选择【效果】/【风格化】/【散布】命令，在"效果控件"面板中设置散布数量为"50"，并分别在0:00:02:00和0:00:02:05处添加不透明度为"0%"和"100%"的关键帧，前后效果对比如图6-96所示。

步骤 **08** 使用"横排文字工具"Ⅱ在白色矩形中输入如图6-97所示的文字，设置字体为"方正特雅宋_GBK"、填充颜色为"#000000"，适当调整字体的大小和位置。

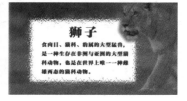

图6-96　前后效果对比

图6-97　输入文字

步骤 **09** 选择文本图层，分别在0:00:02:00和0:00:02:12处添加不透明度为"0%"和"100%"的关键帧。选择【效果】/【模糊和锐化】/【摄像机镜头模糊】命令，将时间指示器移至0:00:02:18处，在"效果控件"面板中单击模糊半径属性名称左侧的"时间变化秒表"按钮◎开启关键帧，然后将时间指示器移至0:00:02:05处，设置模糊半径为"30"，然后适当调整文本图层所在的关键帧位置，如图6-98所示。

步骤 **10** 将形状图层和文本图层预合成为"介绍"预合成图层，然后将其适当旋转一定的角度，效果如图6-99所示。按【Ctrl+S】组合键保存文件，并设置名称为"节目定格展示介绍"。

图6-98　调整文本图层所在的关键帧位置

图6-99　视频效果

## 6.4.2　风格化

使用风格化效果组可以为对象制作特殊效果，使其具有某种特定的风格，选择【效果】/【风格化】命令，在弹出的子菜单中有25种效果可供选择，下面介绍该效果组内部分常用的效果。

1. 阈值

使用该效果可以使画面变为高对比度的黑白效果，图6-100所示为应用该效果的前后对比。

2. 画笔描边

使用该效果可以使画面变为用画笔绘制的效果，图6-101所示为应用该效果的前后对比。

图6-100　应用"阈值"效果的前后对比　　图6-101　应用"画笔描边"效果的前后对比

3. 散布

使用该效果可以在图层中散布像素，从而创建模糊的外观。

4. 彩色浮雕

使用该效果可以指定角度强化图像边缘，从而模拟纹理的效果，图6-102所示为应用该效果的前后对比。

5. 马赛克

使用该效果可以用纯色矩形填充图层，使原始图像拼贴化，图6-103所示为应用该效果的前后对比。

图6-102　应用"彩色浮雕"效果的前后对比　　图6-103　应用"马赛克"效果的前后对比

### 6. 动态拼贴

使用该效果可以将图像缩小并拼贴起来，模拟地砖拼贴效果，还可为其制作动画，图6-104所示为应用该效果的前后对比。

### 7. 查找边缘

使用该效果可以查找图层的边缘，以强化边缘效果，图6-105所示为应用该效果的前后对比。

图6-104　应用"动态拼贴"效果的前后对比　　图6-105　应用"查找边缘"效果的前后对比

### 8. 闪光灯

使用该效果可以定期或随机间隔在图层上执行算术运算，或使图层变透明，从而制作出闪光灯的效果。

## 6.4.3　模糊和锐化

模糊和锐化效果组主要用于让画面变得模糊，或通过锐化使画面的纹理更加清晰，选择【效果】/【模糊和锐化】命令，在弹出的子菜单中有16种效果可供选择，下面介绍该效果组内部分常用的效果。

### 1. 复合模糊

使用该效果可以根据画面中的明亮度来进行模糊，默认情况下，模糊图层中明亮的值相当于增强效果图层的模糊度，而黑暗的值相当于减弱模糊度，图6-106所示为应用该效果的前后对比。

### 2. 摄像机镜头模糊

使用该效果可以使用常用摄像机光圈形状模糊图像，图6-107所示为应用该效果的前后对比。

图6-106　应用"复合模糊"效果的前后对比　　图6-107　应用"摄像机镜头模糊"效果的前后对比

### 3. 定向模糊

使用该效果可以以一定的方向模糊图像，图6-108所示为应用该效果的前后对比。

### 4. 径向模糊

使用该效果可以围绕任意一点创建模糊效果，从而模拟推拉或旋转摄像机的效果，图6-109所示为应用该效果的前后对比。

图6-108　应用"定向模糊"效果的前后对比　　图6-109　应用"径向模糊"效果的前后对比

### 5. 高斯模糊

使用该效果可以均匀地模糊图像，图6-110所示为应用该效果的前后对比。

### 6. 锐化

使用该效果可以通过强化像素之间的差异锐化图像，图6-111所示为应用该效果的前后对比。

图6-110 应用"高斯模糊"效果的前后对比

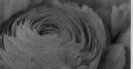 

图6-111 应用"锐化"效果的前后对比

## 6.4.4 课堂案例——制作天气预报短视频

**案例说明：** 某气象台准备制作天气预报短视频，要求根据天气情况为对应的图像添加相应的特效，并显示具体的地名、温度等信息，参考效果如图6-112所示。

**知识要点：** CC Rainfall；CC Snowfall；高级闪电；CC Page Turn。

高清视频

**素材位置：** 素材\第6章\天气预报短视频素材

**效果位置：** 效果\第6章\天气预报短视频.aep

具体操作步骤如下。

**步骤 01** 新建项目文件，以及名称为"天气预报短视频"、大小为"1280像素×720像素"、持续时间为"0:00:14:00"的合成文件。

图6-112 制作天气预报短视频参考效果

视频教学：
制作天气预报
短视频

**步骤 02** 导入"天气预报短视频素材"文件夹中的所有素材，将"下雨.jpg"素材拖曳至"时间轴"面板中，选择【效果】/【模拟】/【CC Rainfall】命令，然后选择【窗口】/【效果控件】命令，打开"效果控件"面板，设置Size为"12"、Speed为"4000"、Wind为"800"，如图6-113所示，运用该效果控件的前后效果对比如图6-114所示。

**步骤 03** 使用"矩形工具" ■在画面左下角创建一个白色矩形，然后使用"横排文字工具" T在其中输入"澜湖""大雨0~6℃"文字，设置字体为"方正细等线简体"、填充颜色为"#000000"，适当调整文字的大小和字符间距。再分别在0:00:00:24和0:00:01:24处添加不透明度为"0%"和"100%"的关键帧。

**步骤 04** 将所有图层预合成为"下雨"预合成图层，然后将"下雪.jpg"素材拖曳至"时间轴"面板最下层。

**步骤 05** 选择"下雨"预合成图层，将时间指示器移至0:00:04:00处，选择【效果】/【扭曲】/

【CC Page Turn】命令，在"效果控件"面板中单击Fold Position属性名称左侧的"时间变化秒表"按钮添加关键帧，然后单击右侧的按钮，再将鼠标指针移至画面外的右下角位置并单击，以保证画面完整；将时间指示器移至0:00:05:00处，再次单击按钮，将鼠标指针移至画面外的左下角并单击，保证下雪图像完全消失，视频的变化效果如图6-115所示。

图6-113 设置"效果控件"参数（二）

图6-114 应用该效果的前后对比

图6-115 天气预报短视频的变化效果（一）

步骤 06 选择"下雪.jpg"图层，选择【效果】/【模拟】/【CC Snowfall】命令，在"效果控件"面板中设置Size为"15"、Speed为"500"、Wind为"20"、Opacity为"80"，如图6-116所示，应用控件的前后效果对比如图6-117所示。

图6-116 设置"效果控件"参数（三）

图6-117 应用控制后的前后效果对比

步骤 07 将"下雨"预合成图层中的形状图层和文本图层复制到"天气预报短视频"合成中，依次修改文字为"清山""大雪-8~0℃"，然后为复制的3个图层在0:00:05:00和0:00:06:00处添加不透明度为"0%"和"100%"的关键帧，再将与下雪相关的4个图层预合成为"下雪"预合成图层。

步骤 08 将"打雷.jpg"素材拖曳至"时间轴"面板最下层，选择"下雨"预合成图层，在"效果控件"面板中选择"CC Page Turn"效果，然后按【Ctrl+C】组合键复制效果，选择"下雪"预合成图层，将时间指示器移至0:00:09:00处，再按【Ctrl+V】组合键粘贴效果，并在"效果控件"面板中设置"Back Page"为"2.下雪"，视频的变化效果如图6-118所示。

图6-118　天气预报短视频的变化效果（二）

**步骤 09** 选择"雷雨.jpg"图层，先复制"下雨.jpg"图层中的"CC Rainfall"效果，然后选择【效果】/【生成】/【高级闪电】命令，在"效果控件"面板中设置闪电类型为"击打"、分叉为"10%"，然后单击源点属性右侧的 按钮，在画面外的右上方处单击以确定闪电的起点。

**步骤 10** 将时间指示器移至0:00:10:00处，单击方向属性左侧的"时间变化秒表"按钮 添加关键帧，单击方向属性右侧的 按钮，将鼠标指针移至源点位置的左侧单击确定闪电的终点位置；再分别将时间指示器移至0:00:11:00、0:00:12:00、0:00:13:00和0:00:14:00处，依次修改闪电的终点位置，使其形成如图6-119所示的闪电效果。

图6-119　闪电效果

**步骤 11** 使用与步骤7相同的方法复制"下雨"预合成图层中的形状图层和文本图层，依次修改文字为"胧湖""雷雨2~8℃"，并在0:00:11:00和0:00:12:00处添加不透明度为"0%"和"100%"的关键帧。

**步骤 12** 将与打雷相关的4个图层预合成为"打雷"预合成图层，按【Ctrl+S】组合键保存文件，并设置名称为"天气预报短视频"。

## 6.4.5 模拟

模拟效果组主要用于模拟下雪、下雨等特殊效果，选择【效果】/【模拟】命令，在弹出的子菜单中有18种效果可供选择，下面介绍该效果组内部分常用的效果。

1. CC Drizzle（CC 细雨）

使用该效果可以模拟雨滴落入水面产生的涟漪，图6-120所示为应用该效果的前后对比。

2. CC Particle World（CC粒子仿真世界）

使用该效果可以通过粒子的运动模拟火焰、烟花等效果，图6-121所示为制作烟花特效的前后对比。

图6-120　应用"CC Drizzle"效果的前后对比　　　图6-121　应用"CC Particle World"效果的前后对比

3. CC Rainfall（CC 下雨）

使用该效果可以模拟有折射和运动模糊的降雨效果，图6-122所示为应用该效果的前后对比。

### 4. CC Snowfall (CC 下雪)

使用该效果可以模拟有深度、光效和运动模糊的降雪效果，图6-123所示为应用该效果的前后对比。

图6-122　应用"CC Rainfall"效果的前后对比　　　　图6-123　应用"CC Snowfall"效果的前后对比

## 6.4.6　扭曲

使用扭曲效果组可以对图像进行扭曲、旋转等变形操作，选择【效果】/【扭曲】命令，在弹出的子菜单中有37种效果可供选择，下面介绍该效果组内部分常用的效果。

### 1. 放大

使用该效果可以放大画面中的全部或部分区域，类似放大镜的效果，图6-124所示为应用该效果的前后对比。

### 2. CC Page Turn (CC 卷页)

使用该效果可以实现传统的翻页效果，图6-125所示为应用该效果的前后对比。

图6-124　应用"放大"效果的前后对比　　　　图6-125　应用"CC Page Turn"效果的前后对比

### 3. 湍流置换

该效果可以使用不规则杂色置换图层，创建湍流扭曲效果，常用于制作流水、哈哈镜和摆动的旗帜等，图6-126所示为应用该效果的前后对比。

### 4. 变形稳定器

使用该效果可以稳定素材，而不需要手动跟踪。

### 5. 极坐标

使用该效果可以将平面直角坐标系中的每个像素调换到极坐标中的相应位置，反之也可将极坐标中的每个像素调换到平面直角坐标系的相应位置中，图6-127所示为应用该效果的前后对比。

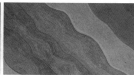

图6-126　应用"湍流置换"效果的前后对比　　　　图6-127　应用"极坐标"效果的前后对比

## 6.4.7　生成

使用生成效果组可以生成镜头光晕、光线、渐变等效果，选择【效果】/【生成】命令，在弹出的子菜单中有26种效果可供选择，下面介绍该效果组内部分常用的效果。

1. 镜头光晕

使用该效果可以模拟灯光照射到摄像机镜头上产生的折射，图6-128所示为应用该效果的前后对比。

2. CC Light Rays（CC 光线）

使用该效果可以通过画面中的不同颜色映射出不同的光芒，图6-129所示为应用该效果的前后对比。

图6-128　应用"镜头光晕"效果的前后对比　　　　图6-129　应用"CC Light Rays"效果的前后对比

3. 四色渐变

使用该效果可以为图像添加4种颜色的渐变，图6-130所示为应用该效果的前后对比。

4. 描边

使用该效果可以描边蒙版的轮廓，图6-131所示为应用该效果的前后对比。

图6-130　应用"四色渐变"效果的前后对比　　　　图6-131　应用"描边"效果的前后对比

5. 音频波形

使用该效果可以根据素材中的音频显示出对应的波形，图6-132所示为应用该效果的前后对比。

6. 高级闪电

使用该效果可以创建闪电效果，图6-133所示为应用该效果的前后对比。

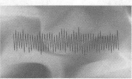

图6-132　应用"音频波形"效果的前后对比　　　　图6-133　应用"高级闪电"效果的前后对比

**技能提升**

　　叠加使用多种效果可以制作出丰富多彩的影视特效。尝试综合使用"CC Particle World""分形杂色"（可以创建基于分形的图案）、"湍流置换""发光"（可以将图像中较亮部分的像素和周围的像素变亮）等效果，制作出火焰特效，并利用该特效制作一个倒计时视频，参考效果如图6-134所示，以提升制作者的分析能力和对多种效果的综合应用能力。

高清视频

图6-134　火焰特效参考效果

# 6.5 课堂实训

## 6.5.1　制作毕业季视频

### 1. 实训背景

临近毕业，某学校的影视协会准备制作一个以"毕业季"为主题的视频，并将其作为毕业晚会的开场视频。要求结合学生提供的图像素材和视频素材，制作出具有纪念意义的短视频，尺寸为1280像素×720像素。

### 2. 实训思路

（1）片头片尾设计。为了契合"毕业季"主题，可在片头的视频中使用田字格字体制作"我们毕业啦"文字动画，如图6-135所示；片尾可使用人物背影图像作为背景，并应用"画笔描边"效果为其制作用画笔绘制的效果，再通过"高斯模糊"效果将其模糊化，然后制作"毕业季""青春不散场"文字动画，如图6-136所示。

图6-135　片头设计

图6-136　片尾设计

（2）视频过渡。在切换图像或视频素材时，可根据画面内容选择不同的过渡效果，如"渐变擦除"和"径向擦除"效果，让画面的转换更加自然。

本实训的参考效果如图6-137所示。

素材位置：素材\第6章\毕业季素材

效果位置：效果\第6章\毕业季视频.aep

高清视频

**图6-137　制作毕业季视频参考效果**

3．步骤提示

视频教学：
制作毕业季视频

**步骤 01** 新建项目文件，以及名称为"毕业季视频"、大小为"1280像素×720像素"、持续时间为"0：00：20：00"的合成文件。

**步骤 02** 导入"毕业季素材"文件夹中的所有素材，将"视频1.mp4"素材拖曳至"时间轴"面板中，使用"横排文字工具" T 输入"我们毕业啦"文字，设置字体为"方正田字格"，适当调整文字大小，并为其应用动画预设中的"淡化上升字符"预设。

**步骤 03** 将所有图层预合成为"片头"预合成图层，然后为其应用"渐变擦除"效果。将"图像1.jpg""视频2.mp4""图像2.jpg""图像3.jpg"素材依次拖曳至"时间轴"面板最下层，适当调整素材的大小、播放速度和图层入点，然后依次为前3个素材应用"渐变擦除""径向擦除""渐变擦除"效果。

**步骤 04** 为"图像3.jpg"素材应用"画笔描边"效果，适当调整参数。再为其应用"高斯模糊"效果，通过模糊度属性制作逐渐模糊的效果。

**步骤 05** 使用"横排文字工具" T 在画面中输入"毕业季""青春不散场"文字，并为其应用动画预设中的"淡化上升字符"预设。再将片尾相关图层预合成为"片尾"预合成图层。

**步骤 06** 按【Ctrl+S】组合键保存文件，并设置名称为"毕业季视频"。

## 6.5.2　制作苹果主图视频

1．实训背景

某水果网店为新品苹果拍摄了一组视频，准备将其上传到电商平台中作为主图视频。但由于拍摄时的天气状况不太好，导致画面色彩较为暗淡，不太美观，因此需要对其进行调色处理。

2．实训思路

高清视频

（1）画面调色。先根据视频中的内容将画面划分为3部分，然后针对不同画面中的问题单独进行调整。如在第1段视频中可通过"照片滤镜""色相/饱和度""色阶"等效果增强色彩、画面饱和度，以及调整明亮度等；在第2段和第3段视频中可通过"色相/饱和度"效果增强苹果的饱和度，使其颜色更加丰富，图6-138所示为调色前后效果对比。

图6-138　调色前后效果对比

（2）视频过渡。为减少画面切换的生硬感，可为3个视频应用不同的过渡效果，提升主图视频的吸引力，使画面效果更加自然、流畅。

本实训的参考效果如图6-139所示。

图6-139　制作苹果主图视频参考效果

素材位置：素材\第6章\苹果视频.mp4

效果位置：效果\第6章\苹果主图视频.aep

3. 步骤提示

**步骤 01** 新建项目文件，以及名称为"苹果主图视频"、大小为"800像素×800像素"、持续时间为"0:00:12:00"的合成文件。

**步骤 02** 导入"苹果视频.mp4"素材，并将其拖曳至"时间轴"面板中。根据画面内容，通过按【Ctrl+Shift+D】组合键将视频拆分为3段，并适当调整图层入点，便于后续应用过渡效果。

视频教学：
制作苹果主图
视频

**步骤 03** 选择第1段视频，为其应用"照片滤镜"效果，添加"暖色滤镜（85）"；然后应用"色相/饱和度"效果，适当增加主色、红色和绿色的饱和度；再应用"色阶"效果，适当调整画面的明暗对比度。

**步骤 04** 为第2段视频应用"色相/饱和度"效果，并适当增加主色和红色的饱和度。

**步骤 05** 为第3段视频应用"色相/饱和度"效果，并适当增加红色的饱和度。

**步骤 06** 分别为第1段视频和第2段视频应用"线性擦除"和"径向擦除"效果，并为过渡完成属性在不同时间点添加相应的关键帧。按【Ctrl+S】组合键保存文件，并设置名称为"苹果主图视频"。

## 6.5.3　制作科技类节目片头

1. 实训背景

科技类节目《走进未来之城》即将上线，需要为其制作一个片头，以吸引观众注意。要求画面色调明亮，具有科技感，尺寸为1280像素×720像素，并将做好的片头视频显示在计算机屏幕中以查看效果。

**2. 实训思路**

（1）画面调色。片头背景素材的色彩偏灰，不符合制作要求，因此可使用"色相／饱和度""曲线""照片滤镜"效果对该图像进行处理，调色前后效果对比如图6-140所示。

图6-140　调色前后效果对比

（2）动画设计。为增强视觉表现力，可使用"矩形工具" ▣绘制一个矩形边框，通过"梯度渐变"效果制作渐变的色彩，再利用修剪路径为该形状制作动画。对于文字，可分别使用蒙版和不透明度属性来制作动画。

高清视频

本实训的参考效果如图6-141所示。

**素材位置：**素材\第6章\片头背景.png、电脑屏幕.jpg

**效果位置：**效果\第6章\科技类节目片头.aep

图6-141　制作科技类节目片头参考效果

**3. 步骤提示**

视频教学：
制作科技类节目
片头

**步骤 01** 新建项目文件，以及名称分别为"科技类节目片头""电脑屏幕"、大小均为"1280像素×720像素"、持续时间均为"0:00:05:00"的合成文件。

**步骤 02** 导入"片头背景.png""电脑屏幕.jpg"素材，将"片头背景.png"素材拖曳至"科技类节目片头"合成中，适当调整素材的大小，然后为其应用"色相／饱和度""曲线""照片滤镜"效果加强色彩的饱和度和对比度，再添加"冷色滤镜（LBB）"。

**步骤 03** 使用"矩形工具" ▣绘制一个矩形边框，为其应用"梯度渐变"效果制作渐变色，并添加"外发光"图层样式，再利用修剪路径为该形状制作路径逐渐显示的动画。

**步骤 04** 使用"横排文字工具" ▣输入相关文字，为上方的英文文字应用"梯度渐变"效果，并添加"外发光"图层样式，然后利用蒙版制作从左至右显示的效果，再使用不透明度属性为下方的节目名称文字制作逐渐显示的动画。

**步骤 05** 将"电脑屏幕.jpg"素材拖曳至"电脑屏幕"合成中，适当调整素材的大小，利用抠像效果抠取图像中的绿色部分，然后将"科技类节目片头"合成放置在该素材下方，适当调整大小。

**步骤 06** 按【Ctrl+S】组合键保存文件，并设置名称为"科技类节目片头"。

## 6.6 课后练习

**练习 1　制作穿梭转场特效**

　　某影视剧剧组需要为拍摄的视频画面制作一个穿梭转场特效，要求让视频画面先在提供图像的计算机中进行播放，然后制作穿梭到计算机屏幕中的转场特效，尺寸为1280像素×720像素。在制作时可利用"线性颜色键"效果抠取图像，然后利用"径向模糊"效果模拟眩晕的视觉，参考效果如图6-142所示。

图6-142　制作穿梭转场特效参考效果

素材位置：素材\第6章\电脑.jpg、汽车行驶.mp4

效果位置：效果\第6章\穿梭转场特效.aep

**练习 2　制作过年氛围视频**

　　某影视剧剧组拍摄了一组过年的视频素材，用于在影视剧中渲染新年气氛，但对拍摄的画面效果不太满意，需要进行调整。要求将其调成暖色调，并适当增强色彩的饱和度。在制作时可通过"照片滤镜""色相/饱和度""色阶"效果来实现；然后在素材之间添加不同的过渡效果，参考效果如图6-143所示。

图6-143　制作过年氛围视频参考效果

素材位置：素材\第6章\过年氛围视频

效果位置：效果\第6章\过年氛围视频.aep

第 **7** 章　添加与编辑音频

在影视后期合成中，将音频与图像或视频结合在一起，更能够渲染出独特的氛围，表达出设计人员需要传达的思想和情感。AE提供了强大的音频编辑功能，可以在合成视频时添加并编辑音频，从而丰富视频的视听效果，给予观众听觉上的舒适感，提升观看的体验感。

**▌Ⅲ 学习目标**
◎ 掌握音频的基本操作方法
◎ 掌握音频效果的应用方法

**▌◇ 素养目标**
◎ 提高为画面选择恰当音频的能力
◎ 培养音频剪辑的兴趣

**▌◈ 案例展示**

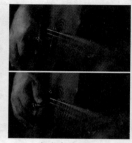

油菜花基地宣传视频　　　合成吉他视频　　　"山谷探秘"纪录片片头

# 7.1 音频的基本操作

在一个完整的视频中，除了有图形、图像、文本等视觉元素，音频也发挥着不可忽视的作用。通过对音频的基本操作可以为视频添加合适的背景音乐、音效等，丰富视听效果。

## 7.1.1 认识声音与音频

声音是由物体振动而引发的一种物理现象，通常具有频率、振幅和波形这3个要素。

- 频率：决定了声音的音调（高音、低音），通常以赫兹（Hz）为单位，频率越高音调越高。人类听觉的频率范围为20~20000Hz，人类发声的频率范围为85~1100Hz。
- 振幅：决定了声波的响度，也就是声音的音量，通常以分贝（dB）为单位，分贝越高音量越大。
- 波形：决定了声音的音色，因物体材料的不同特性而生成不同的音色。如在频率和振幅相同的情况下，钢琴和吉他所产生的音色完全不同。

声音被录制下来以后，无论是说话声、歌声、乐器声和噪声等，都可以通过数字音乐软件进行处理，从而转换为音频。

在影视后期合成中，可以为视频添加背景音乐、录制画外音，或添加声音效果，如环境声、关门声等，还可以创建复杂的混音效果等。

## 7.1.2 课堂案例——制作油菜花基地宣传视频

案例说明：某县近期将举办旅游文化节，以当地的油菜花基地为核心制作一则宣传视频，吸引游客前去观赏。要求将拍摄的视频素材剪辑到一起，并为其添加适合的背景音乐，使视频更具感染力，参考效果如图7-1所示。

知识要点：添加音频；编辑音频。

素材位置：素材\第7章\油菜花基地宣传视频素材

效果位置：效果\第7章\油菜花基地宣传视频.aep

高清视频

图7-1 油菜花基地宣传视频参考效果

具体操作步骤如下。

**步骤 01** 新建项目文件，以及名称为"油菜花基地宣传视频"、大小为"1280像素×720像素"、持续时间为"0:00:16:00"的合成文件。

步骤 02 导入"油菜花基地宣传视频素材"文件夹中的所有素材,将所有视频素材都拖曳至"时间轴"面板中,按【Ctrl+Alt+F】组合键使其适应合成大小,关闭所有视频素材的音频,并按照"视频1"~"视频3"的顺序从上往下进行排列。分别调整3个视频图层的入点与出点、持续时间和伸缩,如图7-2所示。

视频教学:
制作油菜花基地
宣传视频

步骤 03 选择"视频1.mp4""视频2.mp4"图层,分别为其应用"线性擦除"效果,并在视频素材的结尾和结尾1秒左右的时间点分别添加过渡完成属性为"0%""100%"的关键帧。

图7-2 调整视频素材

步骤 04 选择"横排文字工具" ，设置字体为"方正特雅宋_GBK"、填充颜色为"#FFFFFF",在画面左下角输入"油菜花基地 地址:花芙路×××号"文字,适当调整字体大小、行距和字符间距,并应用"投影"图层样式,保持默认设置。

步骤 05 将"背景音乐.wav"素材拖曳至"时间轴"面板中,展开该图层中的"音频"栏,单击音频电平属性名称左侧的"时间变化秒表"按钮，然后分别在0:00:00:00和0:00:15:24处添加值为"-30dB"的关键帧,在0:00:02:00和0:00:14:00处添加值为"+10dB"的关键帧,并按【F9】键将所有关键帧设置为缓动,如图7-3所示。

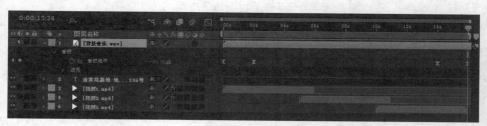

图7-3 添加缓动关键帧

步骤 06 按【空格】键预览音频的最终效果,然后按【Ctrl+S】组合键保存文件,并设置名称为"油菜花基地宣传视频"。

## 7.1.3 编辑音频的基本属性

将音频素材添加到"时间轴"面板后,展开该音频素材图层,可看到音频电平属性及音频的波形形状,如图7-4所示。其中,音频电平属性用于调整该音频的总音量大小,波形形状可用于查看不同时间点处音频的音量大小。

与调整图层、关键帧的方法相同,通过调整"入点/出点/持续时间/伸缩"窗格中的参数可编辑音频的播放时长、速度等。添加音频电平属性的关键帧后,可通过关键帧图表编辑器或关键帧属性来调整音量大小的变化效果。

选择【窗口】/【音频】命令,可打开图7-5所示的"音频"面板,在其中可单独设置音频左右声道的音量大小。

图7-4　展开音频图层

- 音量展示：在预览音频效果时，可通过绿色的矩形
  条分别展示当前左右声道的音量大小，右侧的数值
  为音量刻度。
- 音量增益滑块：从左往右依次上下拖曳滑块可分别
  调整左声道、总声道及右声道的音量增益，即在源
  音量的基础上的变化值，右侧的数值为音量刻度。
  当左右声道音量不同时，总声道的滑块将位于两个
  滑块的中间位置。

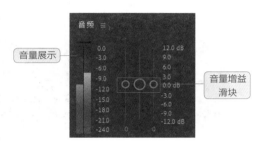

图7-5　"音频"面板

**技能提升**

　　日常生活中使用的耳机通常都以"L"（Left，左）、"R"（Right，右）区分两个声
道，通过对两个声道的声音进行不同的设置，可以制作出3D环绕的音频效
果，让使用者能够身临其境，获得更佳的体验感。

高清视频

　　尝试为素材（素材位置：技能提升\素材\第7章\音乐.mp3）添加音频
电平属性的关键帧，然后在"音频"面板中分别调整左右两个声道的音量大
小，使左声道音量最大时，右声道音量最小；右声道音量最大时，左声道音
量最小，制作出3D环绕的音频效果，以提升音频的应用技巧，关键帧位置参考如图7-6所示。

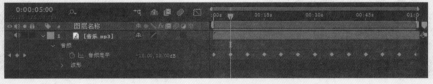

图7-6　关键帧位置参考

# 应用音频效果

　　AE提供了10种音频效果，可以对音频素材进行倒放、混响、延迟、立体声等调整，使调整后的音
频与视频画面更加匹配。

# 7.2.1 课堂案例——合成吉他视频

高清视频

**案例说明：** 某音乐博主拍摄了弹吉他的短视频，准备将其上传到短视频平台。但由于视频的收音效果不佳，因此需要单独将录制的音频与视频剪辑在一起，并利用音频效果对音频进行优化处理，再为视频添加音符特效以美化画面，参考效果如图7-7所示。

**知识要点：** 混响；延迟；立体声混合器。

**素材位置：** 素材\第7章\吉他视频.mp4、吉他声.mp3、音符.mp4

**效果位置：** 效果\第7章\合成吉他视频.aep

图7-7 合成吉他视频参考效果

具体操作步骤如下。

视频教学：
合成吉他视频

**步骤 01** 新建项目文件，以及名称为"吉他视频"、大小为"1280像素×720像素"、持续时间为"0:00:16:00"的合成文件。

**步骤 02** 导入"吉他视频.mp4""吉他声.mp3"素材，并依次将它们拖曳至"时间轴"面板中，选择"吉他声.mp3"图层，选择【效果】/【音频】/【混响】命令，然后选择【窗口】/【效果控件】命令，打开"效果控件"面板，在其中设置混响时间（毫秒）为100、扩散为"70%"、衰减为"30%"，如图7-8所示，以模拟室内效果。

**步骤 03** 再次拖曳"吉他声.mp3"素材至"时间轴"面板中，选择【效果】/【音频】/【延迟】命令，并设置延迟时间（毫秒）为"400"、延迟量为"60%"、反馈为"50%"，如图7-9所示，以添加回声效果。

图7-8 应用"混响"效果　　　　　　　　　图7-9 应用"延迟"效果

**步骤 04** 选择步骤2添加的"吉他声.mp3"图层，选择【效果】/【音频】/【立体声混合器】命令，为左声道级别、右声道级别属性分别在0:00:00:00处添加值为"0%""100%"的关键帧，在0:00:03:00处添加值为"100%""0%"的关键帧，然后将这4个关键帧以相同的间距复制两次，再将所有关键帧扩展到结束位置，如图7-10所示。

**步骤 05** 导入"音符.mp4"素材，将其拖曳至"时间轴"面板中，并设置图层混合模式为"屏幕"，按【Ctrl+S】组合键保存文件，并设置名称为"合成吉他视频"。

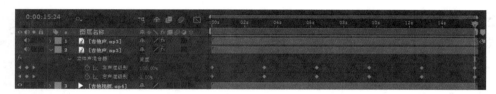

图7-10　扩展关键帧

## 7.2.2 常用音频效果

选择音频素材后，选择【效果】/【音频】命令，可在弹出的子菜单中选择合适的音频效果进行应用，如图7-11所示。

1. 调制器

使用该效果可通过改变（调制）频率和振幅产生颤音和震音效果。

2. 倒放

使用该效果可将音频从最后一帧播放到第一帧。

3. 低音和高音

使用该效果可增加或减少音频中的低频或高频部分，从而增强或减弱低音或

图7-11　音频效果

高音。

4. 参数均衡

使用该效果可增强或减弱特定的频率范围。比如增加低频以增强低音，或者减少某段频率以减弱此声音。

5. 变调与合声

使用该效果可通过混合原始音频和副本音频生成变调效果。

6. 延迟

使用该效果可在指定时间后重复音频，用于模拟从某表面（如墙壁）弹回的声音。

7. 混响

使用该效果可通过模拟从某表面随机反射的声音模拟开阔的室内效果或真实的室内效果。

8. 立体声混合器

使用该效果可混合音频的左右声道，并将完整的信号从一个声道平移到另一个声道。

9. 音调

使用该效果可合成简单音频来创建声音，如潜水艇低沉的隆隆声、背景电话铃声、汽笛声或激光波声等。

10. 高通/低通

使用该效果中的"高通"可用于减少低频噪声，如交通噪声；"低通"可用于减少高频噪声，如蜂鸣音。

巧妙运用音频的节奏可以有效提高影视作品的吸引力，如当下流行的快闪短视频，就是一种在短时间内根据音频的节奏，快速闪过大量文字或图片信息的视频类型。在AE中制作快闪短视频时，可利用脚本快速将音频中的节奏点梳理出来，然后自动为文字在不同的节奏点之间制作动画效果，具体的操作方法：将脚本（素材位置：技能提升\素材\第7章\Text Force.jsxbin）复制到Adobe After Effects 2022\Support Files\Scripts\ScriptUI Panels文件夹中，然后重启AE，选择【窗口】/【Text Force.jsxbin】命令，打开"Text Force"面板，在"时间"栏中选中"音频"单选项，接着选择音频图层后单击 加载 按钮，系统将自动划分节奏点，如图7-12所示，再选择所有文本图层，单击 Animate 按钮，系统将自动为所选的文本图层在音频节奏点之间制作动画。

高清视频

图7-12　自动划分节奏点

尝试利用Text Force脚本及快闪音频（素材位置：技能提升\素材\第7章\快闪音频.mp3）制作一个快闪视频，从中感受到音频对视频的影响力。

# 课堂实训——制作"山谷探秘"纪录片片头

### 1. 实训背景

某节目组前往山谷中拍摄了主题为"山谷探秘"的纪录片，现需为该纪录片制作片头。要求为片头添加背景音乐及鸟鸣音效，再在片头中添加主题文字，时长要求为8秒。

设计素养

在纪录片中，配乐是抒发情感的重要途径，恰当的配乐能够最大限度地突显纪录片的主题，塑造更为鲜明的人物形象，因此选取配乐时要根据纪录片所表达的内容进行筛选，以增强纪录片的感染力。

高清视频

### 2. 实训思路

（1）编辑音乐。为契合该纪录片的主题及画面，可选择较为缓慢的音乐作为背景音乐，再通过淡入淡出效果使声音能够和谐地进行过渡。

（2）编辑音效。为使添加的音效更加逼真，可应用"混响""延迟"效果，制作在山谷中的回声效果；再利用音频电平属性适当降低音效后半部分的音量。

本实训的参考效果如图7-13所示。

图7-13 "山谷探秘"纪录片片头参考效果

素材位置：素材\第7章\山谷视频.mp4、片头音乐.wav、鸟鸣.wav

效果位置：效果\第7章\"山谷探秘"纪录片片头.aep

视频教学：
制作"山谷探秘"
纪录片片头

**3. 步骤提示**

步骤 **01** 新建项目文件，以及名称为"'山谷探秘'纪录片片头"、大小为"1280像素×720像素"、持续时间为"0:00:08:00"的合成文件。

步骤 **02** 导入"山谷视频.mp4""片头音乐.wav""鸟鸣.wav"素材，并将所有素材拖曳至"时间轴"面板中。

步骤 **03** 选择"片头音乐.wav"图层，为音频电平属性添加4个关键帧，制作淡入淡出效果。

步骤 **04** 选择"鸟鸣.wav"图层，为其应用"混响"效果，并在视频后半部分添加音频电平属性关键帧降低音频的音量。复制该图层，删除音频效果和关键帧，然后为其应用"延迟"效果。

步骤 **05** 使用"横排文字工具" T 在画面中间输入"—山谷探秘—"文字，适当调整文字大小，并在0:00:04:00处为其应用"缓慢淡化打开"动画预设。

步骤 **06** 按【Ctrl+S】组合键保存文件，并设置名称为"'山谷探秘'纪录片片头"。

# 7.4 课后练习

练习 **1** 为旅行碎片 Vlog 添加背景音乐

某旅行博主准备将拍摄的一些旅行短视频剪辑到一起，制作成一个旅行碎片Vlog。现要求为其添加标题文字和背景音乐，音乐的风格与画面相契合。在制作时可考虑为背景音乐制作淡入淡出效果，参考效果如图7-14所示。

高清视频

图7-14 旅行碎片 Vlog 参考效果

素材位置：素材\第7章\旅行碎片.mp4、旅行碎片音乐.mp4

效果位置：效果\第7章\旅行碎片Vlog.aep

## 练习 2 制作歌舞类节目片头

某电视台策划了一档名为《享乐以舞》的歌舞类节目，现需为该节目制作片头。要求为片头搭配具有动感的背景音乐。在制作时可应用"混响""立体声混合器"效果让音乐更具立体感，片头后半段展现出节目名称，参考效果如图7-15所示。

图7-15 歌舞类节目片头参考效果

素材位置：素材\第7章\歌舞类节目片头.mp4、动感音乐.mp3

效果位置：效果\第7章\歌舞类节目片头.aep

第**8**章

# 三维合成

在前面的章节中所讲解的操作都是基于AE中的二维图层的，而本章将为读者讲解AE中的三维合成技术。在影视后期合成中，可通过AE中的三维图层、摄像机功能、灯光功能，以及三维跟踪功能，添加具有三维特性的文字、图像等元素，从而制作出具有三维效果的视频。

📖 **学习目标**
  ◎ 掌握三维图层的基本操作方法
  ◎ 掌握摄像机、灯光的使用方法
  ◎ 掌握三维跟踪的设置方法

◆ **素养目标**
  ◎ 通过制作三维场景，提高空间想象力
  ◎ 探索三维跟踪在影视后期合成中的应用，提高影视后期合成的水平

◈ **案例展示**

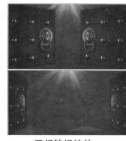

开门转场特效　　　　　推理类节目片头　　　　　实景合成影视剧片头

# 8.1

## 认识三维图层

在影视后期合成中，利用三维图层可以制作立体效果，从而让观众获得更有空间感的感官体验。

### 8.1.1 了解二维与三维

二维是指在一个平面上的内容，只存在左、右和上、下两个方向，不存在前后方向。在一张纸上的内容就可以看成二维的世界。而三维是指在平面中又加入了一个方向向量而构成的空间系，包含坐标轴的3个轴（$x$轴、$y$轴、$z$轴），从而形成视觉立体感。图8-1所示为二维与三维的视觉对比效果。

 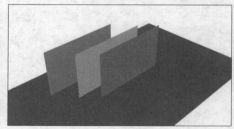

图8-1　二维与三维的视觉对比效果

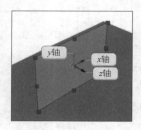

图8-2　三维坐标轴

在AE中，默认的图层都是二维图层，只能在"合成"面板中通过上、下、左、右改变该图层在$x$轴和$y$轴上的位置，而三维图层在"合成"面板中显示3种不同颜色标志的箭头，分别代表着三维的3个坐标轴，其中$x$轴为红色、$y$轴为绿色、$z$轴为蓝色，如图8-2所示。三维坐标轴构成了整个立体空间，主要是用于空间定位。

为了更方便地操作三维图层，三维坐标轴有3种不同模式供用户选择。使用"选取工具" 选择三维图层后，在工具箱右侧可看到这3种模式，单击相应的按钮可以进行切换。

- 本地轴模式 ：该模式可将三维坐标轴与三维图层的表面对齐，即与图层相对一致，如当旋转三维图层时，三维坐标轴会跟着旋转。
- 世界轴模式 ：该模式可将三维坐标轴与合成的绝对坐标对齐，如当旋转三维图层时，三维坐标轴的方向不会发生变化。
- 视图轴模式 ：该模式可将三维坐标轴与选择的视图对齐，即无论选择哪种视图，三维图层的三维坐标轴始终正对视图。

🔔 提示

三维坐标轴默认为显示状态，若需将其隐藏，可选择【视图】/【显示图层控件】命令，或按【Ctrl+Shift+H】组合键。

## 8.1.2 课堂案例——制作开门转场特效

案例说明：某电视台准备制作一个新年祝福视频，用于新年期间在电视中进行播放，为增强视觉表现力，需要在开头处再制作一个转场特效，要求色彩喜庆且具有创意，参考效果如图8-3所示。

高清视频

知识要点：转换为三维图层；三维图层的基本属性；旋转三维图层。

素材位置：素材\第8章\门.png、祝福视频.mp4

效果位置：效果\第8章\开门转场特效.aep

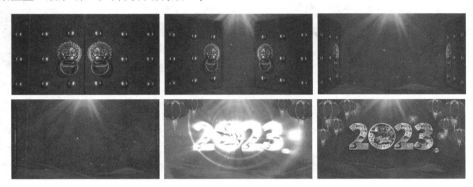

图8-3 制作开门转场特效参考效果

具体操作步骤如下。

**步骤 01** 新建项目文件，以及名称为"开门转场特效"、大小为"1280像素×720像素"、持续时间为"0:00:10:00"、背景颜色为"白色"的合成文件。

视频教学：
制作开门转场
特效

**步骤 02** 导入"门.png""祝福视频.mp4"素材，将"门.png"素材拖曳至"时间轴"面板中，并在"合成"面板中将其移至画面左侧。然后为该图层应用"投影"图层样式，参数设置如图8-4所示。单击"门.png"图层"图层开关"窗格处的◉图标下对应的■图标，使其变为◉图标，将该图层转换为三维图层。

**步骤 03** 选择"门.png"图层，按【Ctrl+D】组合键复制图层，然后分别将两个图层重命名为"左侧门""右侧门"。选择"右侧门"图层，然后选择【图层】/【变换】/【水平翻转】命令，再适当调整两个图层的位置，效果如图8-5所示。

图8-4 设置"投影"图层样式参数

图8-5 效果展示

**步骤 04** 使用"向后平移（锚点）工具"■分别将"左侧门""右侧门"的锚点移至合成的最左侧和最右侧，便于后续制作开门特效时围绕该锚点进行旋转。

步骤 **05** 将时间指示器移至0：00：00：00处，展开"左侧门"图层中的"变换"栏，单击方向属性左侧的"时间变化秒表"按钮 ，开启关键帧。然后将时间指示器移至0：00：01：00处，将鼠标指针移至方向属性中间的数值上方，然后按住鼠标左键并向左拖曳，使门绕锚点所在的*y*轴进行旋转，直至门完全打开时再释放鼠标左键。

步骤 **06** 为避免旋转图层后依然存在左侧未打开的门图像，可在0：00：01：00和0：00：01：04处分别添加不透明度为"100%"和"0%"的关键帧，使其完全消失。左侧门的打开效果如图8-6所示。

图8-6 左侧门的打开效果

步骤 **07** 使用与步骤5和步骤6相同的方法为"右侧门"图层的方向属性在0：00：00：00和0：00：01：00处添加关键帧，制作向右打开的效果。再为其在0：00：01：00和0：00：01：04处分别添加不透明度为"100%"和"0%"的关键帧。

步骤 **08** 将"祝福视频.mp4"素材拖曳至"时间轴"面板的最下层，查看最终效果如图8-7所示，按【Ctrl+S】组合键保存文件，并设置名称为"开门转场特效"。

图8-7 开门转场特效最终效果

## 8.1.3　三维图层的基本属性

在"时间轴"面板中单击二维图层"图层开关"窗格中 图标下对应的 图标，使其变为 图标，可将二维图层转换为三维图层，如图8-8所示；再次单击 图标，可将对应的三维图层转换为二维图层。需要注意的是，除了音频图层外，其他类型的二维图层都能转换为三维图层。

图8-8 将二维图层转换为三维图层

在AE中，二维图层只具有锚点、位置、缩放、旋转和不透明度5个基本属性，并且只有*x*轴和*y*轴两个方向上的参数，而将二维图层转换为三维图层后，该图层不仅具有二维图层原有的基本属性，还将增加其他的属性。展开三维图层的"变换"栏，可看到除了不透明度属性保持不变外，锚点、位置和缩放属性都增加了*z*轴的参数，并且旋转属性还细分为3组参数，同时还增加了方向属性，如图8-9所示。

● 方向：当调整某个图层的方向属性时，该图层将围绕世界轴旋转，其调整范围只有0°~360°。

● 旋转：当调整某个图层的旋转属性时，该图层将围绕本地轴旋转，其调整范围不受限制。

另外，还增加了一个"材质选项"栏，用于指定图层与光照或阴影交互的方式。在"时间轴"面板中展开三维图层下方的"材质选项"栏，可以看到其中的各个属性，如图8-10所示。

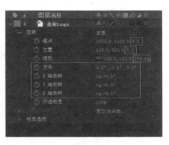

图8-9 三维图层的基本属性

● 投影：用于设置当灯光照射物体时，是否出现投影的效果，有"开""关""仅"3个选项，分别用于设置打开投影效果、关闭投影效果或仅显示阴影效果。

● 透光率：用于设置对象的透光程度，可以制作出半透明物体在灯光下的照射效果。

图8-10 "材质选项"栏中的属性

● 接受阴影：用于设置对象是否接受阴影效果，该属性不能用于制作关键帧动画。

● 接受灯光：用于设置对象是否受灯光照射影响，此属性不能用于制作关键帧动画。

● 环境：用于设置三维图层受"环境"类型的灯光影响的程度。

● 漫射：用于设置三维图层受漫反射影响的程度。

● 镜面强度：用于设置物体受镜面反射影响的程度。

● 镜面反光度：用于设置三维图层中镜面高光的反射区域和强度。

● 金属质感：用于调整由镜面高光反射的光的颜色。

---

🔔 **提示**

将三维图层转换成二维图层时，将删除"Y轴旋转""X轴旋转""方向""材质选项"等二维图层中原本不存在的属性和基于这些属性创建的关键帧和表达式，以及与z轴相关的参数，且不能通过将该图层再次转换回三维图层来进行恢复。

---

## 8.1.4 三维图层的基本操作

在应用三维图层之前，需要先掌握三维图层的基本操作。

**1. 调整三维图层**

若要移动或旋转三维图层，可以在"合成"面板或"时间轴"面板中进行调整。

（1）移动三维图层

选择要移动的三维图层，选择"选取工具" ▶，在"合成"面板中直接拖曳三维坐标轴的箭头则可在相应的轴上移动图层，图8-11所示为在z轴方向上移动三维图层；也可以直接在"时间轴"面板中通过修改位置属性的参数来移动三维图层，如图8-12所示。

（2）旋转三维图层

选择要旋转的三维图层，选择"旋转工具" ↻，并在工具箱右侧的"组"下拉列表框中选择"方向"或"旋转"选项，以确定该工具是影响方向属性还是旋转属性，然后在"合成"面板中直接拖曳三维坐标轴的箭头可以旋转三维图层，图8-13所示为在方向属性上旋转三维图层，也可以在"时间轴"面板中通过修改方向、$x$轴旋转、$y$轴旋转或$z$轴旋转属性的参数来旋转三维图层，如图8-14所示。

图8-11 在$z$轴方向上移动三维图层

图8-12 修改位置属性的参数

图8-13 在方向属性上旋转三维图层

图8-14 修改方向属性的参数

> 🔔 **提示**
>
> 在使用"旋转工具"按钮▣旋转三维图层时，按住【Shift】键并拖曳可将旋转角度限制为45°的倍数。

### 2. 调整三维视图

在AE中进行三维合成时，可以通过切换视图和选择视图布局来调整视图，以便从不同的角度观察和调整三维图层。

（1）切换视图

在"合成"面板右下方单击"活动摄像机"下拉列表框，可在打开的下拉列表中选择视图选项来切换不同的视图。默认情况下，在"合成"面板中显示的视图为"活动摄像机"，在该视图下，三维图层没有固定的视角。选择"正面""左侧""顶部""背面""右侧""底部"视图选项可直接从对应的方向查看，图8-15所示为"正面"视图；选择"自定义视图1""自定义视图2""自定义视图3"视图选项则以3种透视的角度来显示，图8-16所示为"自定义视图1"视图。

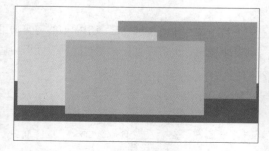

图8-15 "正面"视图

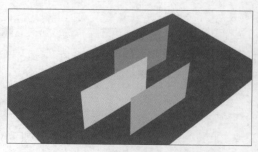

图8-16 "自定义视图1"视图

（2）选择视图布局

在"合成"面板右下角单击"1个"下拉列表框，可在打开的下拉列表中选择不同的视图布局选项。默认情况下选择"1个视图"选项，即画面中只有一个视图；选择"2个视图"选项时，画面显示为左右两个视图，如图8-17所示；选择"4个视图"选项时，画面显示为左、右、上、下4个大小相同的视图，如图8-18所示。

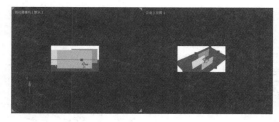

图8-17 2个视图

图8-18 4个视图

**技能 提升**

充分利用三维图层的位置属性和方向属性能够创建出具有立体效果的图像，下面尝试利用三维图层的属性制作一个魔方旋转的动态效果，其方法：先绘制魔方6个不同颜色的面，然后通过调整方向属性使其相交的各个面互相垂直，再通过不同视图的切换，分别调整不同面的位置属性，从而搭建出立方体的形状，最后再将所有面与一个空对象图层绑定为父子关系，通过控制空对象图层来旋转、移动整个魔方，效果如图8-19所示，以便更好地掌握三维图层的应用方法，并提高灵活运用视图的能力。

高清视频

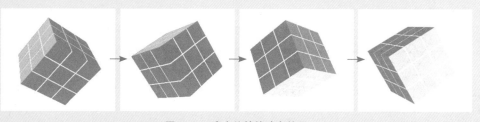

图8-19 魔方旋转的动态效果

# 8.2

# 应用灯光与摄像机

在三维合成中，运用灯光与摄像机功能可以增强整个场景的体积感和空间感，从而让画面的视觉效果更加逼真。

## 8.2.1 课堂案例——制作推理类节目片头

高清视频

**案例说明：** 《远古城市之谜》作为一档推理类节目，为吸引更多观众观看该节目，准备制作一个符合节目风格的片头。要求在画面中展示节目名称的同时，渲染出悬疑的气氛，增强观众代入感，参考效果如图8-20所示。

**知识要点：** 创建点光；创建环境光；转换为三维图层。

**素材位置：** 素材\第8章\黑色背景.jpg、文字样式.jpg

**效果位置：** 效果\第8章\推理类节目片头.aep

图8-20 制作推理类节目片头参考效果

### 设计素养

应用光影是悬疑类视频中营造悬疑氛围、增强观众代入感的主要手段之一。在这类视频的影视后期合成中，通过巧妙的光线设计可以产生一定的悬疑效果，让观众仿佛身临其境，从而引发心灵共鸣。

具体操作步骤如下。

视频教学：
制作推理类节目
片头

**步骤 01** 新建项目文件，以及名称为"推理类节目片头"、大小为"1280像素×720像素"、持续时间为"0:00:05:00"的合成文件。

**步骤 02** 导入"黑色背景.jpg""文字样式.jpg"素材，将"黑色背景.jpg"素材拖入"时间轴"面板中，适当调整大小。然后使用"横排文字工具" T 在画面中间输入"远古城市之谜"文字，在"字符"面板中设置字体为"方正粗倩简体"、填充颜色为"#FFFFFF"、文字大小为"160像素"。

**步骤 03** 将"文字样式.jpg"素材拖曳至文本图层的下方，然后设置轨道遮罩为"Alpha遮罩'远古城市之谜'"，文字前后对比效果如图8-21所示，然后将所有图层都转换成三维图层。

**步骤 04** 选择【图层】/【新建】/【灯光】命令，在打开的"灯光设置"对话框中设置名称为"灯光1"、灯光类型为"点"、颜色为"#FFFFFF"、强度为"100%"，如图8-22所示，然后单击 确定 按钮。

**步骤 05** 将时间指示器移至0:00:01:00处，选择"灯光1"图层，按【P】键显示位置属性，设置位置为"300,300，-150"，然后单击位置属性名称左侧的"时间变化秒表"按钮，开启关键帧。将时间指示器移至0:00:03:00处，选择"选取工具" ，然后将鼠标指针移至红色箭头上方，按住鼠标左键并向右拖曳，使其向右平移，如图8-23所示。

**步骤 06** 使用"选取工具" 通过移动红色箭头和绿色箭头调整灯光在*x*轴和*y*轴上的位置，如图8-24所示。

图8-21 文字前后对比效果

图8-22 设置灯光

图8-23 移动灯光

图8-24 调整灯光

**步骤 07** 展开"灯光1"图层中的"灯光选项"栏，分别在0:00:00:00、0:00:01:00和0:00:03:00处为强度属性添加值为"0%""30%""100%"的关键帧，如图8-25所示，使该灯光逐渐照亮画面，按【Ctrl+Shift+H】组合键隐藏图层控件，效果如图8-26所示。

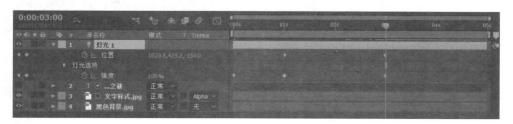

图8-25 添加强度属性关键帧

图8-26 效果

**步骤 08** 选择【图层】/【新建】/【灯光】命令，在打开的"灯光设置"对话框中设置名称为"灯光2"、灯光类型为"环境"、颜色为"#FFFFFF"、强度为"80%"，如图8-27所示，然后单击 确定 按钮。

步骤 **09** 展开"灯光2"图层中的"灯光选项"栏,分别在0:00:03:00和0:00:04:24处为强度属性添加值为"0%""80%"的关键帧,最终效果如图8-28所示。

图8-27 设置环境光　　　　　　　　　　　　图8-28 推理类节目片头最终效果

步骤 **10** 按【Ctrl+S】组合键保存文件,并设置名称为"推理类节目片头"。

## 8.2.2 灯光的创建及参数设置

灯光是三维合成中用于照亮三维图层上物体的一种元素,类似于光源。灵活地运用灯光可以模拟物体在不同明暗和阴影下的效果,使该物体更具立体感,更加真实。AE中有以下4种类型的灯光供用户选用。

● 平行光:类似于来自太阳的光线,光照范围无限,可照亮场景中的任何地方且光照强度无衰减。平行光能产生阴影,同时也具有方向性,其照射效果为整体照射,如图8-29所示。

● 聚光:不仅可以调整光源的位置,还可以调整光源照射的方向,同时被照射物体产生的阴影有模糊效果。聚光可通过一个圆锥发射光线,并根据其角度和大小确定照射范围,如图8-30所示。

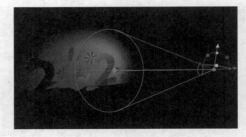

图8-29 平行光　　　　　　　　　　　　　　图8-30 聚光

● 点光:是从一个点向四周发射光线,随着被照射物体与光源的距离不同,照射效果也不同,如图8-31所示。

● 环境光:没有发射点和方向性,只能设置灯光强度和颜色。通过环境光可以为整个场景布光,调整整个画面的亮度,如图8-32所示。因此环境光经常用于为场景补光,或与其他灯光配合使用。

图8-31 点光　　　　　　　　　　　　　　　图8-32 环境光

🔔 **提示**

若在三维图层中没有手动创建灯光，则系统会使用默认的环境光。在上述4种灯光中，只有环境光不能产生真实的投影效果。

创建灯光的方法：选择【图层】/【新建】/【灯光】命令，打开"灯光设置"对话框，如图8-33所示，在其中可以设置灯光的各种参数，设置参数后单击 确定 按钮可以创建灯光图层。

图8-33 "灯光设置"对话框

- 名称：用于设置灯光的名称。灯光名称默认为"灯光类型+数字"。
- 灯光类型：用于设置灯光的类型。
- 颜色：用于设置灯光的颜色，默认为白色。
- 强度：用于设置灯光的亮度。强度越大，灯光越亮。若强度为负值，则可产生吸光效果，即降低场景中其他灯光的光照强度。
- 锥型角度：用于设置聚光灯的照射范围。
- 锥型羽化：用于设置聚光灯的照射区域边缘的柔化程度。
- 衰减：用于设置最清晰的照射范围向外衰减的距离。启用"衰减"后，可激活"半径"和"衰减距离"选项，用于控制光能照到的位置。其中，"半径"选项用于控制光线照射的范围，半径之内的范围光照强度不变，半径之外的范围光照强度开始衰减；"衰减距离"选项用于控制光线照射的距离，当该值为0时，光照边缘不会产生柔和效果。
- 投影：用于指定灯光是否可以产生投影。
- 阴影深度：用于控制阴影的浓淡程度。
- 阴影扩散：用于控制阴影的模糊程度。

**疑难解答**

**创建灯光图层后，如何修改灯光参数？**

在"时间轴"面板中双击灯光图层左侧的 图标，可在打开的"灯光设置"对话框中修改各项参数；或选择灯光图层后，直接按【Ctrl+Shift+Y】组合键打开"灯光设置"对话框进行修改；或在"时间轴"面板中展开灯光图层的"灯光选项"栏，在其中修改灯光参数。

❓

## 8.2.3 课堂案例——制作古诗朗诵栏目包装

案例说明：为弘扬中华传统文化，某电视台准备策划一个古诗朗诵的栏目，现需为其设计制作一个包装视频，用于展现古诗中的诗句。要求画面美观且兼具创意性，参考效果如图8-34所示。

知识要点：创建摄像机；调整摄像机参数。

素材位置：素材\第8章\星光.mp4

效果位置：效果\第8章\古诗朗诵栏目包装.aep

高清视频

图8-34　制作古诗朗诵栏目包装参考效果

具体操作步骤如下。

视频教学：
制作古诗朗诵
栏目包装

步骤 **01**　新建项目文件，以及名称为"古诗朗诵栏目包装"、大小为"1280像素×720像素"、持续时间为"0：00：08：00"、背景颜色为"白色"的合成文件。

步骤 **02**　在"时间轴"面板中单击鼠标右键，在弹出的快捷菜单中选择【新建】/【纯色】命令，打开"纯色设置"对话框，设置颜色为"#AB0000"，单击 确定 按钮。

步骤 **03**　导入"星光.mp4"素材，并将该素材拖入"时间轴"面板中，设置图层混合模式为"相加"，效果如图8-35所示。

步骤 **04**　使用"直排文字工具" IT 在画面中输入图8-36所示的文字，每句话为一个文本图层，设置字体为"方正清刻本悦宋简体"、填充颜色为"#FFC375"、字体大小为"40像素"、行距为"48像素"。

图8-35　添加素材与设置图层混合模式后的效果

图8-36　输入文字

步骤 **05**　在"时间轴"面板中单击鼠标右键，在弹出的快捷菜单中选择【新建】/【摄像机】命令，打开"摄像机设置"对话框，设置类型为"双节点摄像机"，选中"启用景深"复选框，其他参数保持默认设置，如图8-37所示，单击 确定 按钮。

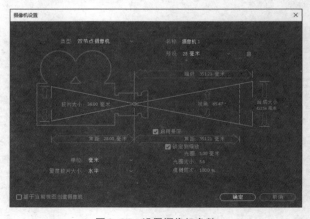

图8-37　设置摄像机参数

**步骤 06** 单击"合成"面板右下方的"活动摄像机"下拉列表框，在打开的下拉列表中选择"顶部"选项，然后在"时间轴"面板中选择所有文本图层，再按【↓】键将所有文本图层向下方移动，即改变z轴参数。再使用"选取工具"▶单独移动每个文本图层的位置，如图8-38所示。

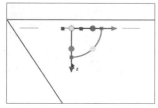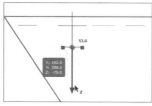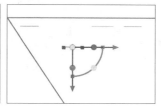

**图8-38　移动每个文本图层的位置**

**步骤 07** 在"合成"面板右下角单击"1个"下拉列表框，在打开的下拉列表中选择"2个视图"选项，并分别将左右两个视图设置为"活动摄像机（摄像机1）"和"顶部"，然后分别在两个视图中调整文本图层的位置，以便于观察效果，如图8-39所示。

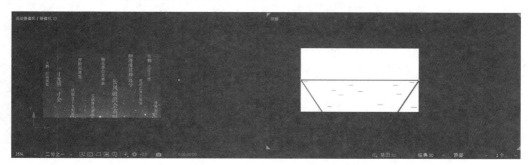

**图8-39　调整文本图层的位置**

**步骤 08** 选择所有文本图层，按【P】键显示位置属性，然后在0:00:00:00处添加关键帧，再将时间指示器移至0:00:07:24处，将所有文本图层向左移动。

**步骤 09** 选择【图层】/【新建】/【灯光】命令，打开"灯光设置"对话框，设置灯光类型为"点"、颜色为"#FFF288"、强度为"150%"，如图8-40所示，单击 确定 按钮，分别在两个视图中调整灯光的位置，如图8-41所示。

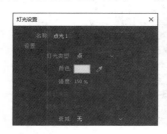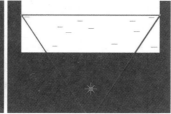

**图8-40　设置灯光参数**　　　　**图8-41　调整灯光的位置**

**步骤 10** 展开"摄像机1"图层中的"摄像机选项"栏，设置焦距为"500像素"、光圈为"25像素"、模糊层次为"200%"，如图8-42所示，使画面产生景深效果，如图8-43所示。

**步骤 11** 最终效果如图8-44所示，按【Ctrl+S】组合键保存文件，并设置名称为"古诗朗诵栏目包装"。

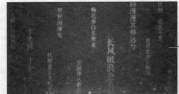

图8-42　调整摄像机参数

图8-43　使画面产生景深效果

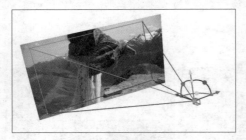 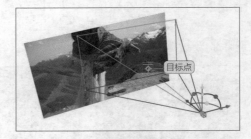

图8-44　古诗朗诵栏目包装最终效果

## 8.2.4　摄像机的类型、摄像机的创建及参数设置

使用摄像机可以从任何角度和距离查看合成的画面效果。AE中的摄像机有单节点摄像机和双节点摄像机两种类型，用户可根据具体需要进行选择。

- 单节点摄像机：只能操控摄像机本身，有位置、方向和旋转等属性，使用效果如图8-45所示，其右下角为摄像机所在位置。单节点摄像机常用于制作沿直线运动之类的简单动画。
- 双节点摄像机：相对于单节点摄像机，双节点摄像机多一个目标点属性，用于锁定拍摄方向，图8-46所示的摄像机拍摄的是画面的右侧。使用双节点摄像机可以通过移动摄像机来选择不同的目标点，也可以让摄像机围绕目标点进行推、拉、摇、移等操作。

图8-45　单节点摄像机

图8-46　双节点摄像机

创建摄像机的方法：选择【图层】/【新建】/【摄像机】命令，或按【Ctrl+Alt+Shift+C】组合键，打开"摄像机设置"对话框，如图8-47所示，在其中可设置摄像机类型、名称、焦距等参数，然后单击 确定 按钮可以创建摄像机图层。

- 类型：用于设置摄像机类型。
- 名称：用于设置摄像机的名称。默认情况下，"摄像机1"是在合成中创建的第1个摄像机的名称，并且所有后续创建的摄像机将按升序的顺序编号。

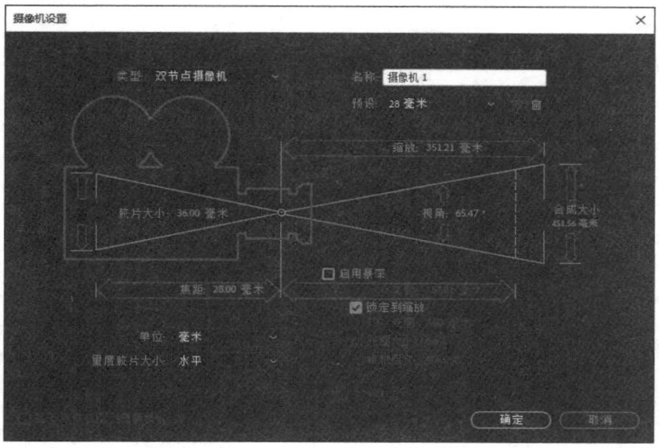

图8-47 "摄像机设置"对话框

- 预设：用于设置摄像机镜头（默认为50毫米），主要根据焦距命名。选择不同的预设选项，"缩放""视角""焦距""光圈"的值也会产生相应的变化。
- 缩放：用于设置从摄像机镜头到图像平面的距离，该值越大，通过摄像机显示的图层上的物体就越大，可视范围也就越小。
- 视角：用于设置在图像中捕获的场景宽度，可通过设置"焦距""胶片大小""缩放"等的值来确定视角值。一般来说，视角越大，视野越宽；视角越小，则视野越窄。较小的视角可以创建与广角镜头相同的效果。
- 启用景深：选中该复选框，可启用景深功能，创建更逼真的摄像机聚焦效果。此时位于该复选框下方的"焦距""光圈""光圈大小""模糊层次"等参数会被激活，用于自定义景深效果。
- 锁定到缩放：选中该复选框，用于将焦距锁定到缩放距离。
- 光圈：用于设置镜头孔径的大小，增加光圈值会增加景深模糊度。
- 光圈大小：用于设置焦距与光圈的比例。
- 模糊层次：用于设置图像中景深模糊的程度。该值越大，画面越模糊。
- 胶片大小：用于设置通过镜头看到的实际图像的大小，与合成大小相关。
- 焦距：用于设置从胶片平面到摄像机镜头的距离，该值越大，看到的范围越远，细节越多，类似于真实摄像机中的长焦镜头。修改焦距时，"缩放"值也会相应地发生变化，以匹配真实摄像机的透视性，此外，"视角""光圈"等的值也会相应地改变。
- 单位：用于表示摄像机设置的值所采用的单位。
- 量度胶片大小：用于设置胶片大小的尺寸。

🔔 提示

创建摄像机图层后，在"时间轴"面板中双击摄像机图层左侧的"摄像机"图标■，可在打开的"摄像机设置"对话框中重新设置各项参数；也可直接在"时间轴"面板中展开摄像机图层的属性栏，直接修改相应属性的参数。

为满足视频画面的制作需要，可以使用相应的摄像机工具调整摄像机的位置、方向等。在工具箱中长按 图标中的任意一个按钮，可在打开的工具组中选择以下8个摄像机工具。

● "绕光标旋转工具" ：使用该工具可以绕单击位置移动摄像机。
● "绕场景旋转工具" ：使用该工具可以绕合成中心移动摄像机，效果如图8-48所示。

**图8-48　使用"绕场景旋转工具"的效果**

△ 提示

　　在选择"绕光标旋转工具" 或"绕场景旋转工具" 时，可激活右侧 图标中的3个按钮，单击"自由形式"按钮 ，可在任意方向上旋转摄像机；单击"水平约束"按钮 ，将只能左右旋转摄像机；单击"垂直约束"按钮 ，将只能上下旋转摄像机。

● "绕相机信息点旋转" 图标：使用该工具可以绕目标点移动摄像机，如图8-49所示。
● "在光标下移动工具" 图标：使用该工具可以让摄像机根据鼠标指针位置进行平移，平移速度相对单击位置发生变化。
● "平移摄像机POI工具" 图标：使用该工具可以根据摄像机的目标点来移动摄像机，平移速度相对于摄像机的目标点保持恒定。

**图8-49　使用"绕相机信息点旋转"的效果**

● "向光标方向推拉镜头工具" 图标：使用该工具可以将摄像机镜头从合成中心推向单击位置。
● "推拉至光标工具" 图标：使用该工具可以针对单击位置推拉摄像机镜头。
● "推拉至摄像机POI工具" 图标：使用该工具可以针对目标点推拉摄像机，如图8-50所示。

△ 提示

　　在AE中调整摄像机位置时，通常会使用一个空对象图层与摄像机图层建立父子级关系，然后通过调整空对象图层来控制摄像机的位置，以便于在一个视图中查看最终效果。

图8-50 使用"推拉至摄像机POI工具"的效果

技能
提升

在现实中使用摄像机进行拍摄时，若将焦点从一个对象转移到另一个对象上，焦点周围清晰的范围（即景深）也会随之发生改变。

在AE中，通过调整摄像机的焦距、光圈及模糊层次，可以模拟出真实的变焦效果。尝试为提供的素材（素材位置：技能提升\素材\第8章\古诗.jpg）制作出从远及近的变焦效果，如图8-51所示，以提高摄像机的应用能力，并对摄像机的焦距和光圈属性有更深层的认识。

高清视频

图8-51 变焦效果

# 8.3 三维跟踪

三维跟踪是指在动态画面中跟踪局部内容，然后使后期添加的文本、图像等元素能够融入真实的视频场景中。

## 8.3.1 课堂案例——制作实景合成影视剧片头

案例说明：《我们，正青春》影视剧拍摄完成，需要为该影视剧制作一个片头，要求利用影视剧中的视频作为片头的主要内容，并添加创意元素，参考效果如图8-52所示。

知识要点：3D摄像机跟踪器；预合成图层。

高清视频

素材位置：素材\第8章\影视剧片头.mp4、影视剧剧名.png、影视剧主创人员.txt
效果位置：效果\第8章\实景合成影视剧片头.aep

图8-52　制作实景合成影视剧片头参考效果

具体操作步骤如下。

视频教学：
制作实景合成影
视剧片头

**步骤 01** 新建项目文件，以及名称为"实景合成影视剧片头"、大小为"1280像素×720像素"、持续时间为"0:00:12:00"的合成文件。

**步骤 02** 导入"影视剧片头.mp4"素材，并将其拖入"时间轴"面板中。选择该图层，选择【效果】/【透视】/【3D摄像机跟踪器】命令，应用该效果后将自动在后台进行分析，"合成"面板中的画面如图8-53所示。

**步骤 03** 分析完成后，"合成"面板中将显示"解析摄像机"文字，如图8-54所示；选择"3D摄像机跟踪器"效果，画面中将显示所有的跟踪点，如图8-55所示。

**步骤 04** 将鼠标指针移至画面左侧建筑物表面的跟踪点上方，当跟踪点之间形成的红色圆圈与建筑物表面平行时，单击以确定跟踪点，如图8-56所示。然后在其上单击鼠标右键，在弹出的快捷菜单中选择"创建实底和摄像机"命令。

图8-53　"合成"面板中的画面

图8-54　分析完成

图8-55　显示所有的跟踪点

图8-56　确定跟踪点

**步骤 05** 选择命令后，左侧的建筑物表面将出现一个矩形（跟踪实底），且在"时间轴"面板中也将同步增加"3D跟踪器摄像机"和"跟踪实底 1"图层，如图8-57所示。

图8-57 选择命令后的效果

**步骤 06** 选择"跟踪实底 1"图层，在其上单击鼠标右键，在弹出的快捷菜单中选择"预合成"命令，在打开的"预合成"对话框中设置新合成名称为"左侧文字1"，选中"保留'实景合成影视剧片头'中的所有属性"单选项和"打开新合成"复选框，如图8-58所示，再单击 确定 按钮。

**步骤 07** 在打开的"左侧文字1"合成中，使用"横排文字工具" T 在画面中间输入"导演：刘以成　制片：陈锦卿"文字，设置字体为"方正黑体简体"、填充颜色为"#FFFFFF"、文字大小为"100像素"。返回"实景合成影视剧片头"合成，如图8-59所示。

**步骤 08** 适当调整文字的大小，并将其旋转一定的角度，使其与下方的水平线对齐，再为其应用"投影"图层样式，效果如图8-60所示，再预览视频效果，如图8-61所示。

图8-58 "预合成"对话框　　　　图8-59 返回合成　　　　图8-60 预览效果

图8-61 查看效果

**步骤 09** 选择"影视剧片头.mp4"图层，在"效果控件"面板中单击"3D摄像机跟踪器"效果，继续在其他建筑的表面确定跟踪点，然后在其上单击鼠标右键，在弹出的快捷菜单中选择"创建实底"命令，创建其他实底的效果如图8-62所示。

**步骤 10** 使用与步骤6相同的方法分别为各个实底创建预合成图层并设置相应的名称，然后分别替换为"影视剧主创人员.txt"素材中的文字，再适当调整文字的角度并应用"投影"图层样式，效果如图8-63所示。视频效果如图8-64所示。

**步骤 11** 选择"右侧文字2"和"左侧文字3"两个图层，按【T】键显示不透明度属性，分别在0:00:06:00和0:00:10:00处添加值为"0%"的关键帧，以及在0:00:07:00和0:00:09:00处添加值为"100%"的关键帧。

图8-62 创建其他实底的效果

图8-63 替换文字并应用"投影"图层样式的效果

图8-64 视频效果

步骤 12 导入"影视剧剧名.png"素材，并将其拖入"时间轴"面板中，然后分别在0:00:10:00和0:00:11:00处添加缩放值为"0%、110%"和不透明度值为"0%、100%"的关键帧，使其逐渐放大显示，效果如图8-65所示。按【Ctrl+S】组合键保存文件，并设置名称为"实景合成影视剧片头"。

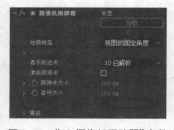

图8-65 实景合成影视剧片头最终效果

## 8.3.2 跟踪摄像机

使用跟踪摄像机功能可以自动分析视频，以提取摄像机运动和三维场景中的数据，然后创建虚拟的3D摄像机来匹配视频画面，最后再将图像、文字等元素融入画面中。应用跟踪摄像机主要可分为以下4个步骤。

### 1. 分析视频素材

图8-66 "3D摄像机跟踪器"参数

在应用跟踪摄像机之前需要先分析视频素材，操作方法：选择视频素材，然后选择【动画】/【跟踪摄像机】命令；或选择【窗口】/【跟踪器】命令，在打开的"跟踪器"面板中单击 跟踪摄像机 按钮；或选择【效果】/【3D摄像机跟踪器】命令。视频图层将自动添加一个"3D摄像机跟踪器"效果，并开始自动进行分析，在图8-66所示的"效果控件"面板中可设置相应的参数，以达到需要的效果。

● 分析或取消：用于开始或停止素材的后台分析。分析完成后，分析或取消处于无法应用的状态。

● 拍摄类型：用于指定以视图的固定角度、变量收缩或指定视角选项来捕捉素材，更改此设置需重新解析。

- 水平视角：用于指定解析器使用的水平视角，需在"拍摄类型"下拉列表框中选择"指定视角"选项时才会启用该设置。
- 显示轨迹点：用于将检测到的特性显示为带透视提示的3D点（3D已解析）或由特性跟踪捕捉的2D点（2D源）。
- 渲染跟踪点：用于控制跟踪点是否渲染为效果的一部分。
- 跟踪点大小：用于更改跟踪点的显示大小。
- 创建摄像机：用于创建3D摄像机。
- 高级：3D摄像机跟踪器效果的高级控件，用于查看当前自动分析所采用的方法和误差情况。

为视频素材应用"3D摄像机跟踪器"效果后，AE将会在"合成"面板中显示"在后台分析"的文字提示，同时在"效果控件"面板中也会显示分析的进度。分析结束后，AE将会在"合成"面板中显示"解析摄像机"的文字提示，该提示消失后将会显示跟踪点。需要注意的是，"3D摄像机跟踪器"效果对视频素材的分析是在后台执行的，因此，在进行视频素材分析时，可在AE中继续进行其他操作。

**2. 跟踪点的基本操作**

分析视频素材结束后，在"效果控件"面板中选择"3D摄像机跟踪器"效果，此时"合成"面板中将会出现不同颜色的跟踪点，如图8-67所示，通过操作这些跟踪点可以跟踪物体的运动。

图8-67　跟踪点

（1）选择跟踪点

选择"选取工具"图标，将鼠标指针在可以定义一个平面的3个相邻未选定跟踪点之间移动，此时会自动识别画面中的一组跟踪点，这些点之间会出现一个半透明的三角形和一个红色的圆圈（目标），如图8-68所示，以预览选取效果，此时单击确认选择跟踪点，被选中的跟踪点将呈高亮显示，如图8-69所示。

图8-68　识别跟踪点

图8-69　确认选择跟踪点

另外，也可以使用"选取工具"图标绘制选取框，框内的跟踪点则全部被选择，或按住【Shift】键或【Ctrl】键的同时单击多个跟踪点来构成一个目标平面。

（2）取消选择跟踪点

选择跟踪点后，按住【Shift】键或【Ctrl】键的同时单击所选的跟踪点，或远离跟踪点单击可取消选择跟踪点。

（3）删除跟踪点

选择跟踪点后，在其上单击鼠标右键，在弹出的快捷菜单中选择"删除选定的点"命令，或按【Delete】键可将其删除。需要注意的是，在删除跟踪点后，摄像机将会重新分析视频素材，且在后台重新分析视频素材时，可以继续删除其他的跟踪点。

### 3. 移动目标

选择跟踪点后，将红色圆圈目标移动到其他位置，后期创建的内容也将在该位置上生成。操作方法：将鼠标指针移动到红色圆圈目标的中心，此时鼠标指针将变为 ⊹ 形状，此时按住鼠标左键并拖曳鼠标指针，可移动目标，图8-70所示为移动目标前后的效果。

**图8-70　移动目标前后的效果**

### 4. 创建跟踪图层

**图8-71　快捷菜单中的命令**

选择跟踪点后，可以在跟踪点上创建跟踪图层，使跟踪图层跟随视频运动。操作方法：在选择的跟踪点上单击鼠标右键，然后在弹出的快捷菜单中选择相应的命令，如图8-71所示。

● 创建文本和摄像机：选择该命令，将在"时间轴"面板中创建一个文本图层和3D跟踪器摄像机图层。

● 创建实底和摄像机：选择该命令，将在"时间轴"面板中创建一个实底的纯色图层和3D跟踪器摄像机图层。

● 创建空白和摄像机：选择该命令，将在"时间轴"面板中创建一个空对象图层和3D跟踪器摄像机图层。

● 创建阴影捕手、摄像机和光：选择该命令，将在"时间轴"面板中创建"阴影捕手"图层、3D跟踪器摄像机图层和光照图层，可为画面添加逼真的阴影和光照。

🔔 **提示**

"创建3文本图层和摄像机""创建3实底和摄像机""创建3个空白和摄像机"命令与前3种跟踪图层命令相对应，只是创建的图层数量由单击鼠标右键时所选的跟踪点数量决定。

● 设置地平面和原点：选择该命令，将在选定的位置建立一个地平面和原点的参考点，该参考点的坐标为（0,0,0）。该操作虽然在"合成"面板中看不到任何效果，但是在"3D摄像机跟踪器"效果中创建的所有项目都是使用此地平面和原点创建，将更便于调整摄像机的旋转和位置。

## 8.3.3　跟踪运动

相比于跟踪摄像机的自动跟踪功能，跟踪运动功能需要通过手动设置来将运动的跟踪数据应用于另一个对象上，然后通过认识与调整跟踪点、分析应用跟踪数据，以及设置跟踪属性来调整跟踪效果。

### 1. 使用跟踪运动

使用跟踪运动的方法：在"时间轴"面板中选择视频素材，选择【动画】/【跟踪运动】命令；或在

"合成"面板或"时间轴"面板中的视频素材上单击鼠标右键，在弹出的快捷菜单中选择【跟踪和稳定】/
【跟踪运动】命令；或选择【窗口】/【跟踪器】命令，在打开的"跟踪器"面板中单击 跟踪运动 按钮。

**2. 认识与调整跟踪点**

在使用跟踪运动时，系统会自动生成跟踪点，通过该跟踪点可以指定跟踪区域。

**（1）认识跟踪点**

AE在跟踪运动时会通过跟踪点将一帧中所选区域的像素和后续每帧中的像素进行匹配，在"合成"
面板中显示为一个跟踪线框，包含一个特征区域、一个附加点和一个搜索区域，如图8-72所示。

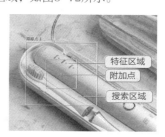

图8-72　跟踪线框

- 特征区域：用于定义跟踪的像素范围，记录当前特征区域的像素
  （尽量选择特征明显的元素），以保证AE在整个跟踪期间都能够
  以该特征进行识别。
- 附加点：用于指定目标的附加位置，默认的附加点位于特征区域的
  中心。
- 搜索区域：用于定义下一帧的跟踪范围，搜索区域的位置和大小取
  决于跟踪目标的运动方向、偏移的大小和运动的快慢，跟踪目标的
  运动速度越快，搜索区域就越大。

**（2）调整跟踪点**

设置跟踪运动时，为达到所需的效果，可通过调整特征区域、附加点和搜索区域来实现，实现的方
式有以下几种。

- 只移动附加点：选择"选取工具" ▶，将鼠标指针移至附加点上（鼠标指针形状为 ），然后按住
  鼠标左键并拖曳，可只移动附加点。
- 移动搜索区域和特征区域：选择"选取工具" ▶，将鼠标指针放置在搜索区域或特征区域（除了边
  角点和边框位置）处并拖曳，可同时移动整个跟踪点。若在移动的同时按住【Alt】键，可只移动搜
  索区域和特征区域。
- 只移动搜索区域：选择"选取工具" ▶，将鼠标指针放置在搜索区域边框处并拖曳，可只移动搜索
  区域，如图8-73所示。
- 调整搜索区域或特征区域的大小：选择"选取工具" ▶，将鼠标指针放置在搜索区域或特征区域4
  个边角点上并拖曳，可调整搜索区域或特征区域的大小。图8-74所示为调整特征区域大小的效果。

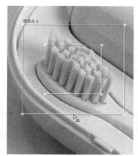 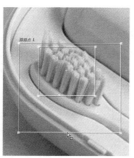  

图8-73　只移动搜索区域　　　　　　　　　　　　图8-74　调整特征区域大小的效果

**3. 分析应用跟踪数据**

跟踪点调整完成后就可以在"跟踪器"面板中分析应用跟踪数据，以调整跟踪效果，如图8-75所示。

- **跟踪摄像机** 按钮：用于为当前图层添加"3D摄像机跟踪器"效果。
- **变形稳定器** 按钮：用于消除因摄像机移动造成的抖动问题，从而可将摇晃的拍摄素材变得更为稳定、流畅。
- **跟踪运动** 按钮：用于开启跟踪运动。
- **稳定运动** 按钮：手动设置跟踪点后，单击该按钮，AE会让整体画面移动，从而保证跟踪点相对稳定。
- 运动源：用于选择要跟踪的运动图层。
- 当前跟踪：活动跟踪器。用于选择当前的跟踪器，然后修改该跟踪器。
- 跟踪类型：用于选择需要的跟踪类型。不同的跟踪类型，在"图层"面板中跟踪点的数量及跟踪数据应用于目标的方式也会不同。

图8-75 "跟踪器"面板

- 位置、旋转、缩放：用于指定为目标图层生成的关键帧类型，默认选中"位置"复选框，即当前跟踪为一点跟踪，只跟踪位置。
- **编辑目标** 按钮：单击该按钮，打开"运动目标"对话框，在其中可更改目标（AE会自动将紧靠在运动源图层上方的那个图层设置为运动目标）。若在"跟踪类型"下拉列表框中选择"原始"选项，则没有目标与跟踪器相关联，该选项将会被禁用。
- **选项** 按钮：单击该按钮，打开"动态跟踪器选项"对话框，在其中可设置跟踪的一些详细参数，使跟踪更加精确。
- "分析"按钮组 ◁ ◀ ▶ ▷：对源素材中的跟踪点进行帧到帧的分析。其中，从左到右依次为"向后分析1个帧"按钮（通过返回到上一帧来分析当前帧）、"向后分析"按钮（从当前时间指示器分析到视频持续时间的开始）、"向前分析"按钮（从当前时间指示器分析到视频持续时间的结尾）、"向前分析1个帧"按钮（通过前进到下一帧来分析当前帧）。
- **重置** 按钮：用于恢复特征区域、搜索区域和附加点的默认位置，以及删除当前所选跟踪器中的跟踪数据。已应用于目标图层的跟踪器控制设置和关键帧将保持不变。
- **应用** 按钮：用于将跟踪数据应用于指定的目标图层，AE会为目标图层创建关键帧。单击该按钮后，将打开"动态跟踪器应用选项"对话框，在"应用维度"下拉列表框中有3个选项，其中"X和Y"选项（默认设置）表示允许沿水平和垂直两个轴运动；"仅X"选项表示将运动目标限定于水平方向运动；"仅Y"选项表示将运动目标限定于垂直方向运动。

4. 设置跟踪属性

图8-76 跟踪属性

应用跟踪运动后，AE会在"时间轴"面板中为图层创建一个跟踪器，每个跟踪器都包含跟踪点，跟踪点中的跟踪属性可用于调整特征区域、搜索区域和附加点等，如图8-76所示。
- 功能中心：用于设置特征区域的中心位置。
- 功能大小：用于设置特征区域的宽度和高度。
- 搜索位移：用于设置搜索区域中心相对于特征区域中心的位置。
- 搜索大小：用于设置搜索区域的宽度和高度。
- 可信度：AE可通过"可信度"报告有关每一帧的匹配程度的属性。一般来说，该项为默认，不需要修改。

● 附加点：用于设置目标图层的指定位置。
● 附加点位移：用于设置附加点相对于特性区域中心的位置。

**技能提升**

使用蒙版的跟踪功能可以分析和跟踪蒙版，让蒙版跟随对象从一帧移动到另一帧，以便仅跟踪场景中的特定对象。操作方法：在"时间轴"面板中选择蒙版，然后在其上单击鼠标右键，在弹出的快捷菜单中选择"跟踪蒙版"命令，或选择【动画】/【跟踪蒙版】命令，将自动打开"跟踪器"面板，该面板中部分选项与跟踪运动相同，在"方法"下拉列表框中可以选择不同方法来修改蒙版的位置、旋转、缩放、倾斜和透视等。

高清视频

尝试利用蒙版的跟踪功能将提供的素材（素材位置：技能提升\素材\第8章\游艇.mp4）中的游艇制作成马赛克效果，参考效果如图8-77所示，以提升跟踪运动的应用能力。

图8-77　跟踪运动参考效果

# 8.4 课堂实训

## 8.4.1 制作美食图像展示视频

**1. 实训背景**

某轻食推广账号为丰富视觉效果，准备制作具有创意性的美食图像展示视频。要求画面美观，通过依次展现轻食的图像来提高吸引力，尺寸为1280像素×720像素。

**2. 实训思路**

（1）构建三维场景。为了增强视觉表现力，可将图像所在的图层转换为三维图层，然后将所有图层进行旋转、移动等操作，将多张图像拼接成一个具有立体效果的组合形状。

（2）添加灯光与摄像机。为营造出更为立体的效果，可添加一个平行光，照亮部分图像；还可创建一个双节点摄像机来调整视频的视角。在制作时可通过切换不同的视图来调整各图层上图像的相对位置，如图8-78所示。

本实训的参考效果如图8-79所示。

素材位置：素材\第8章\轻食素材

效果位置：效果\第8章\美食图像展示视频.aep

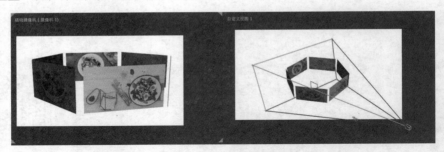

图8-78 通过切换视图调整图像的相对位置

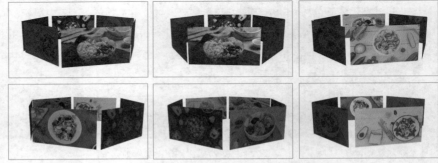

高清视频

图8-79 美食图像展示视频参考效果

### 3. 步骤提示

步骤 **01** 新建项目文件，以及名称为"美食图像展示视频"、大小为"1280像素×720像素"、持续时间为"0:00:08:00"、背景颜色为"白色"的合成文件。

视频教学：
制作美食图像
展示视频

步骤 **02** 导入"轻食素材"文件夹中的所有素材，将"1.jpg"素材拖入"时间轴"面板中，并将其预合成为"美食1"预合成图层，然后将该预合成图层转换为三维图层，并适当调整位置。

步骤 **03** 使用与步骤2相同的方法将其他美食图像素材预合成为"美食2"～"美食6"预合成图层，并将它们转换为三维图层。切换为"顶部"视图后，通过调整$y$轴旋转属性，将6个三维图层拼成一个类似圆柱体的组合形状，然后将它们与一个空对象图层绑定父子关系。

步骤 **04** 将空对象图层的锚点移至组合形状的中心位置，并为空对象图层的$y$轴旋转属性添加关键帧，制作出旋转的动态效果。

步骤 **05** 创建一个平行光和一个双节点摄像机，并通过在不同视图中观察来调整位置。

步骤 **06** 按【Ctrl+S】组合键保存文件，并设置名称为"美食图像展示视频"。

## 8.4.2 制作赛博朋克风格城市视频

### 1. 实训背景

某摄影工作室拍摄了一个城市视频，为迎合当下流行的风格，准备将其制作成赛博朋克风格。要求在其中添加与该风格相关的元素，并适当调整元素的色彩和位置，尺寸为1280像素×720像素。

2. 实训思路

（1）选取跟踪点。为使元素与场景更加协调，可利用跟踪摄像机功能选取不同的跟踪点，并根据画面内容创建多个实底图层，如图8-80所示。

（2）替换视频。确定好跟踪点后，就可以将实底图层替换为与赛博朋克风格相关的视频，并根据具体情况调整素材的颜色及三维效果，如图8-81所示。

高清视频

图8-80　选取跟踪点并创建实底图层　　　图8-81　调整素材的颜色及三维效果

本实训的参考效果如图8-82所示。

图8-82　赛博朋克风格城市视频参考效果

素材位置：素材\第8章\赛博朋克素材

效果位置：效果\第8章\赛博朋克风格城市视频.aep

3. 步骤提示

步骤 01　新建项目文件，以及名称为"赛博朋克风格城市视频"、大小为"1280像素×720像素"、持续时间为"0:00:10:00"的合成文件。

视频教学：
制作赛博朋克
风格城市视频

步骤 02　导入"赛博朋克素材"文件夹中的所有素材，将"城市视频.mp4"素材拖入"时间轴"面板中，然后使用【效果】/【透视】/【3D摄像机跟踪器】命令分析视频素材。

步骤 03　根据视频画面创建摄像机图层及多个实底图层，并适当调整实底图层的位置和大小。

步骤 04　将所有实底图层预合成单独的预合成图层，然后使用"赛博朋克素材"文件夹中的其他视频素材替换预合成中的图层，并适当调整大小、位置和数量等，然后通过【效果】/【颜色校正】/【亮度和对比度】命令加强明亮度。

步骤 05　选择部分视频素材，通过【效果】/【颜色校正】/【色相/饱和度】命令调整素材颜色。

步骤 06　在"赛博朋克风格城市视频"合成中设置所有预合成图层的混合模式为"相加"，并关闭所有预合成图层的音频。

步骤 07　按【Ctrl+S】组合键保存文件，并设置名称为"赛博朋克风格城市视频"。

## 课后练习

### 练习 1 制作纪录片片头

某团队拍摄了一组以《水下世界》为主题的纪录片，需要为其制作一个片头。要求画面简洁，并渲染出水下世界"神秘"的氛围。在制作时可利用聚光灯照亮部分画面，然后通过移动聚光灯来展示出纪录片的主题，还可为文字添加3D动画预设，参考效果如图8-83所示。

高清视频

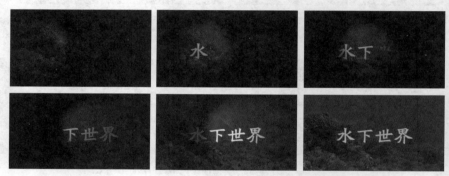

图8-83 《水下世界》纪录片片头参考效果

素材位置：素材\第8章\水下世界.mp4

效果位置：效果\第8章\纪录片片头.aep

### 练习 2 制作《航空之窗》节目包装

《航空之窗》是一档以科普航空知识为主题的节目，节目组准备为其制作相关的包装。要求将具有航空元素的图像融入视频画面中，使整体画面更具美观性和创意性，在制作时可利用跟踪摄像机来确定元素的位置，参考效果如图8-84所示。

高清视频

图8-84 《航空之窗》节目包装参考效果

素材位置：素材\第8章\航空素材

效果位置：效果\第8章\《航空之窗》节目包装.aep

第 **9** 章

# 渲染与输出

在AE中完成影视后期合成后，首先需要通过渲染使视频能够流畅播放，并预览实际的画面效果以决定是否需要再次进行调整，最后再通过输出操作将视频保存为不同格式的文件，便于在不同的软件和设备中进行传播。

📖 **学习目标**
　◎ 熟悉渲染与输出的基础知识
　◎ 掌握输出为不同格式文件的方法

◇ **素养目标**
　◎ 提升输出视频的工作效率
　◎ 提高整理项目文件的能力

◈ **案例展示**

渲染与输出行李箱使用视频

渲染与输出影视视频中的图像

渲染与输出粽子宣传视频和图像

# 9.1
## 渲染与输出基础知识

在视频制作完成后，还需要进行渲染和输出这两个操作，才能得到最终的作品，因此需要对渲染与输出的基础知识有一定的了解。

### 9.1.1 了解渲染与输出

渲染并不会生成文件，只会提供实时的预览效果，通过输出操作才能将制作好的视频输出为需要的格式文件。

#### 1. 渲染

AE中的渲染是指将AE合成中所有的图层创建为可以流畅播放的视频。AE中的渲染可细分为帧的渲染和合成的渲染两种类型。

● 帧的渲染：依据构成该帧的所有图层、参数设置、效果等信息，创建出具体的画面。

● 合成的渲染：渲染合成中的每一帧，使其能够连续播放，在"时间轴"面板中，按【空格】键可从时间指示器位置处开始渲染，在时间条上方的绿色线条代表渲染的进度条，如图9-1所示。若该合成文件过大，后续部分还未渲染完成，则播放到绿色线条的最右端时将在渲染的同时进行预览。

图9-1　渲染的进度条

> 🔔 **提示**
>
> 在渲染合成时，图层的渲染顺序都是从最下层的图层到最上方的图层（若图层中有嵌套合成图层则先渲染该图层）；单个图层中的渲染顺序为蒙版、效果、变换、图层样式，且图层中的多个效果渲染顺序是从上到下。

#### 2. 输出

输出则是指将渲染好的视频保存为视频格式（如AVI、MOV等）、图片格式（如JPEG序列、PNG序列等）或音频格式（如MP3、WAV等）等可供其他软件或设备识别的格式文件，以便传播和分享。

### 9.1.2 渲染与输出的基本流程

在AE中渲染与输出通常在"渲染队列"面板中完成，因此需要先将合成添加到"渲染队列"面板中，然后在"渲染队列"面板中设置渲染与输出的文件格式、品质等参数，最后再将其导出。操作方法：选择需要渲染输出的合成，然后选择【文件】/【导出】/【添加到渲染队列】命令，或选择【合成】/【添加到渲染队列】命令，或按【Ctrl+M】组合键，打开图9-2所示的"渲染队列"面板，设置完成后单击 渲染 按钮即可进行渲染输出。

图9-2 "渲染队列"面板

- 当前渲染：用于显示当前正在进行渲染的合成。
- 信息按钮：单击该按钮，可显示当前渲染的具体进度。
- 已用时间：用于显示当前渲染已经花费的时间。
- 剩余时间：用于显示当前渲染预计还要花费的时间。
- 渲染按钮：单击该按钮，将开始渲染合成。
- AME中的队列按钮：单击该按钮，将加入渲染队列的合成添加到Adobe Media Encoder（Adobe 媒体编码器）队列中。
- 状态：用于显示渲染项的状态。显示"未加入队列"表示该合成还未准备好渲染；显示"已加入队列"表示该合成已准备好渲染；显示"需要输出"表示未指定输出文件名；显示"失败"表示渲染失败；显示"用户已停止"表示用户已停止渲染该合成；显示"完成"表示该合成已完成渲染。
- 渲染设置：用于设置渲染的相关参数。
- 日志：用于设置输出的日志内容。可选择"仅错误""增加设置"或"增加每帧信息"选项。
- 输出模块：用于设置输出文件的相关参数。
- 输出到：用于设置文件输出的位置和名称。
- 消息：用于显示渲染进度。
- RAM：用于显示渲染时所占用的内存。
- 渲染已开始：用于显示渲染开始的时间。
- 已用总时间：用于显示渲染所花费的所有时间。
- 队列完成时通知：选中该复选框，可在渲染完成后发送通知到Creative Cloud（Adobe的创意应用软件）桌面和移动应用程序。

## 渲染与输出合成

在渲染与输出视频时，可以先根据用途选择适合的格式，并设置相应的参数，然后进行导出，最后再打包整理项目文件中的所有素材。

### 9.2.1 课堂案例——渲染与输出行李箱使用视频

案例说明：某品牌拍摄了两段关于行李箱使用的视频，需要剪辑这两段视频，再将其输出为AVI格式的文件，便于上传到不同平台中进行播放。要求视频尺寸为1280像素×720像素，参考效果如图9-3所示。

高清视频

知识要点：渲染设置；输出模块设置。
素材位置：素材\第9章\行李箱视频1.mp4、行李箱视频2.mp4
效果位置：效果\第9章\行李箱使用视频.avi

图9-3　行李箱使用视频参考效果

具体操作步骤如下。

视频教学：
渲染与输出行李
箱使用视频

**步骤 01** 新建项目文件，以及名称为"行李箱视频"、大小为"1280像素×720像素"、持续时间为"0:00:12:00"的合成文件。

**步骤 02** 导入"行李箱视频1.mp4""行李箱视频2.mp4"素材，将其拖曳至"时间轴"面板中，适当调整大小，并设置伸缩为"30%"，增加视频的播放速度。

**步骤 03** 将时间指示器移至0:00:07:00处，拆分"行李箱视频1.mp4"图层并删除后半部分视频，再设置"行李箱视频2.mp4"图层的图层入点为"0:00:06:00"。

**步骤 04** 选择"行李箱视频1.mp4"图层，选择【效果】/【过渡】/【渐变擦除】命令，然后分别在0:00:06:00和0:00:07:00处添加过渡完成值为"0%"和"100%"的关键帧。

**步骤 05** 视频剪辑完成后，选择【合成】/【添加到渲染队列】命令或按【Ctrl+M】组合键，将"行李箱视频"合成添加到"渲染队列"面板中，然后单击"渲染设置"右侧的 最佳设置 按钮，打开"渲染设置"对话框，在其中的"分辨率"下拉列表框中选择"二分之一"选项，如图9-4所示，然后单击 确定 按钮。

**步骤 06** 在"渲染队列"面板中单击"输出模块"右侧的 无损 按钮，打开"输出模块设置"对话框，在其中的"格式"下拉列表框中选择"AVI"选项，如图9-5所示，然后单击 确定 按钮。

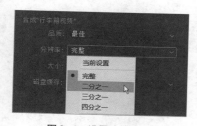

图9-4　设置渲染参数

图9-5　设置输出格式

**步骤 07** 渲染与输出的参数设置完成后，在"渲染队列"面板中单击"输出到"右侧的 尚未指定 按钮，打开"将影片输出到"对话框，在其中设置输出位置和输出名称后单击 保存(S) 按钮，如图9-6所示。单击"渲染队列"面板中的 渲染 按钮开始渲染，此时显示蓝色进度条。渲染结束后在设置的文件输出位置可查看输出的文件，如图9-7所示。

图9-6　设置输出位置

图9-7　查看输出的文件

课堂案例——渲染与输出影视视频中的图像

**案例说明：** 某影视剧剧组准备采用拍摄的视频素材中的两个画面作为宣传图，因此需要单独输出某一帧的图像，且保证画质不受影响，参考效果如图9-8所示。

**知识要点：** 渲染设置；输出模块设置。

**素材位置：** 素材\第9章\影视视频.mp4

**效果位置：** 效果\第9章\影视视频\影视视频_00128.jpg、影视视频_00500.jpg

高清视频

图9-8　渲染与输出影视视频中的图像参考效果

具体操作步骤如下。

**步骤 01** 新建项目文件，导入"影视视频.mp4"素材，并在"项目"面板中将其拖曳至"新建合成"按钮██的上方，基于该素材创建合成文件。然后在"时间轴"面板中拖曳时间指示器查看视频画面，选取合适的帧进行渲染输出。

**步骤 02** 按【Ctrl+M】组合键，将"影视视频"合成添加到"渲染队列"面板中，然后单击"渲染设置"右侧的██████按钮，打开"渲染设置"对话框，在"分辨率"下拉列表框中选择"完整"选项，然后单击右下方的██████按钮，打开"自定义时间范围"对话框，设置起始和结束均为"0:00:05:03"，如图9-9所示，单击██████按钮返回"渲染设置"对话框后，再单击██████按钮。

视频教学：
渲染与输出影视
视频中的图像

**步骤 03** 在"渲染队列"面板中单击"输出模块"右侧的████按钮，打开"输出模块设置"对话框，在"格式"下拉列表框中选择"'JPEG'（序列）"选项，然后单击"视频输出"栏中的██████按钮，在打开的"JPEG选项"对话框中设置品质为"10"，如图9-10所示，单击██████按钮返回"输出模块设置"对话框后，单击██████按钮。

图9-9　设置起始和结束时间

图9-10　设置JPEG选项参数

步骤 **04**　渲染与输出的参数设置完成后，在"渲染队列"面板中单击"输出到"右侧的 尚未指定 按钮，打开"将影片输出到"对话框，在其中设置输出位置，并保持文件默认名称不变，再单击 保存(S) 按钮。

步骤 **05**　在"渲染队列"面板中选择"影视视频"渲染项，然后按【Ctrl+D】组合键复制该渲染项，如图9-11所示，再修改"自定义时间范围"对话框中的起始和结束均为"0:00:20:00"。

步骤 **06**　单击"渲染队列"面板中的 渲染 按钮开始渲染，此时显示蓝色进度条。渲染结束后在文件输出位置可查看输出图像的文件，如图9-12所示，输出的文件名称为"影视视频_00128.jpg、影视视频_00500.jpg"。

图9-11　复制渲染项

图9-12　查看输出图像文件

**疑难解答**

**输出的JPEG文件名称后的数字是什么意思？**

在AE中输出"'JPEG'序列""'PNG'序列""'Photoshop'序列"等格式的文件时，文件的名称中会出现"_"符号加数字，其中的数字代表着该画面在合成中的帧数，如"影视视频_00128.jpg"代表该画面是"影视视频"合成中的第128帧。

## 9.2.3　渲染与输出设置

单击"渲染队列"面板中的 最佳设置 按钮和 无损 按钮，可分别打开"渲染设置"对话框（见图9-13）和"输出模块设置"对话框（见图9-14）。在"渲染设置"对话框中可设置合成、时间采样和帧速率等参数；在"输出模块设置"对话框中的"主要选项"选项卡中可设置格式、视频输出、音频输出等参数，而"色彩管理"选项卡中的参数可用于控制每个输出项的色彩管理。

图9-13 "渲染设置"对话框

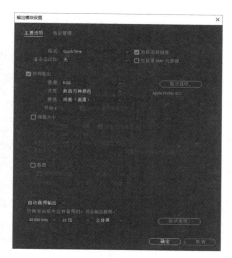

图9-14 "输出模块设置"对话框

"渲染设置"对话框中的相关选项介绍如下。

- 品质：用于设置所有图层的品质，可选择"最佳""草图"或"线框"选项。
- 分辨率：用于设置相对于原始合成的分辨率大小。
- 大小：用于显示原始合成和渲染文件的分辨率大小。
- 磁盘缓存：用于设置渲染期间是否使用磁盘缓存首选项。选择"只读"选项将不会在渲染时向磁盘缓存写入任何新帧；选择"当前设置"选项将使用在"首选项"对话框中"媒体和磁盘缓存"选项卡中设置的磁盘缓存位置。
- 代理使用：用于设置是否使用代理。
- 效果：用于设置是否关闭效果。
- 独奏开关：用于设置是否关闭独奏开关。
- 引导层：用于设置是否关闭引导层。
- 颜色深度：用于设置颜色深度。
- 帧混合：用于设置是否关闭帧混合。
- 场渲染：用于设置场渲染的类型，可选择"关""高场优先"或"低场优先"选项。
- 3：2 Pulldown：用于设置是否关闭3：2 Pulldown。
- 运动模糊：用于设置是否关闭运动模糊。
- 时间跨度：用于设置渲染的时间。选择"合成长度"选项将渲染整个合成；选择"仅工作区域"选项将只渲染合成中由工作区域标记的部分；选择"自定义"选项或单击右侧的 ■ 按钮可打开"自定义时间范围"对话框，自定义渲染的起始、结束和持续范围。
- "帧速率"栏：用于设置渲染时使用的帧速率。
- 跳过现有文件（允许多机渲染）：选中该复选框，将允许渲染文件的一部分，不重复渲染已渲染完毕的帧。

"输出模块设置"对话框中相关选项介绍如下。

- 格式：用于设置输出文件的格式，可选择AIFF、AVI、DPX/Cineon序列等15种格式。
- 包括项目链接：用于设置是否在输出文件中包括链接到源项目的信息。

- 渲染后动作：用于设置AE在渲染后执行的动作。
- 包括源XMP元数据：用于设置是否在输出文件中包括源文件中的XMP元数据。
- [格式选项...]按钮：单击该按钮，在打开的对话框中可设置输出文件格式的特定选项。
- 通道：用于设置输出文件中包含的通道。
- 深度：用于设置输出文件的颜色深度。
- 颜色：用于设置使用Alpha通道创建颜色的方式。
- 开始#：当输出文件为某个序列时，用于设置序列起始帧的编号。选中右侧的"使用合成帧编号"复选框，将工作区域的起始帧编号添加到序列的起始帧中。
- "调整大小"栏：用于设置输出文件的大小及调整大小后的品质。选中右侧的"锁定长宽比为"复选框可在调整文件大小时保持现有的长宽比。
- "裁剪"栏：用于在输出文件时为边缘减去或增加像素行或列。选中"使用目标区域"复选框将只输出在"合成"或"图层"面板中选择的目标区域。
- 自动音频输出：用于设置输出文件中音频的采样率、采样深度和声道。

> 🔔 **提示**
>
> 在"渲染队列"面板中可以通过合成名称左侧的复选框选择多个渲染项，为不同的渲染项设置不同的参数，实现同时渲染输出多个视频，从而有效节省工作时间。

## 9.2.4 预设渲染与输出模板

当需要使用相同的格式渲染输出多个文件时，可以将"渲染设置"和"输出模块设置"对话框中的参数存储为模板，便于之后直接调用。操作方法：选择【编辑】/【模板】命令，在弹出的子菜单中选择"渲染设置"或"输出模块"命令，可分别打开"渲染设置模板"或"输出模块模板"对话框，在"默认"栏中可修改默认参数，在"设置"栏中可新建、编辑、复制和删除模板，设置好后单击 [确定] 按钮，成功创建模板后，再单击"渲染队列"面板中"渲染设置"或"输出模块"右侧的 ✓ 按钮，在打开的下拉列表中可选择并使用创建好的模板。

## 9.2.5 打包与整理文件

图9-15 "收集文件"对话框

在AE中进行影视后期合成时，素材文件可能来源于不同的文件夹，因此，在渲染输出完成后，通常需要打包保存整个合成文件及所使用到的素材文件，此时就可以使用"整理工程（文件）"功能来进行操作，操作方法：选择【文件】/【整理工程（文件）】/【收集文件】命令，可打开图9-15所示的"收集文件"对话框，在其中设置相应参数后单击 [收集] 按钮，然后在打开的对话框中设置存储位置，单击 [保存(S)] 按钮进行保存。

- 收集源文件：用于设置收集哪些合成中的文件。
- 仅生成报告：选中该复选框，将不会收集文件，只生成一个项目报告文本文件。

- 服从代理设置：用于设置是否复制当前代理设置。选中该复选框，将仅复制合成中使用的文件；反之，将同时复制代理和源文件。
- 减少项目：选中该复选框，可从收集的文件中移除所有未使用的素材和合成。
- 将渲染输出为　文件夹：选中该复选框，可确保在使用其他计算机渲染项目时，能够访问已渲染的文件。
- 启用"监视文件夹"渲染：选中该复选框，可将项目保存到指定的监视文件夹后，再通过网络启动监视文件夹渲染。
- 完成时在资源管理器中显示收集的项目：选中该复选框，在收集完成后将自动打开存储文件夹查看存储效果。
- 按钮：单击该按钮，可在打开的"注释"对话框中输入相关文字进行说明，便于后续使用时能够对该文件情况一目了然。

# 9.3
# 课堂实训——渲染与输出粽子宣传视频和图像

### 1. 实训背景

临近端午节，某粽子商家准备将拍摄的粽子视频制作成宣传视频，并从中输出一张封面图像，然后上传到各大短视频平台中，在宣传粽子商品的同时，弘扬传统文化。尺寸要求为1280像素×720像素，视频格式为AVI，视频时长为12秒，图像格式为JPEG。

### 2. 实训思路

（1）剪辑视频。为满足视频总时长的要求，可先根据提供的3个视频素材分别调整播放速度，再为前两个视频应用过渡效果，减少画面过渡的生硬感。

（2）渲染输出。为保证画面的质量，在渲染输出视频和图像时，应适当调整渲染与输出模块的参数，尽量将分辨率和品质等参数设置为较高的等级。

本实训的最终输出效果如图9-16所示。

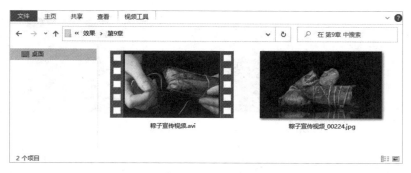

图9-16　粽子宣传视频最终输出效果

素材位置：素材\第9章\粽子宣传视频素材

效果位置：效果\第9章\粽子宣传视频.avi、粽子宣传视频_00224.jpg

3.　步骤提示

视频教学：
渲染与输出粽子
宣传视频和图像

步骤 01　新建项目文件，以及名称为"粽子宣传视频"、大小为"1280像素×720像素"、持续时间为"0:00:12:00"的合成。

步骤 02　导入"粽子宣传视频素材"文件夹中的所有素材，并将其拖曳至"时间轴"面板中，关闭所有音频，并按照"视频1"～"视频3"的顺序从上往下进行排列。

步骤 03　分别调整3个视频的图层入点与出点、持续时间和伸缩，为"视频1.mp4""视频2.mp4"图层应用"径向擦除"效果，并在视频素材结尾的1秒处分别添加过渡属性为"0%""100%"的关键帧。

步骤 04　视频剪辑完成后，按【Ctrl+M】组合键将合成添加到"渲染队列"面板中，然后设置输出视频所需的渲染与输出模块的相关参数。

步骤 05　在"渲染队列"面板中选择渲染项，按【Ctrl+D】组合键复制，再将其修改为输出图像所需的渲染与输出模块的参数，单击　渲染　按钮进行渲染输出。

# 9.4 课后练习

## 练习 1　渲染与输出美食制作视频

某美食博主拍摄了一组番茄炒蛋的制作视频，现需将视频素材按菜看制作顺序剪辑到一起，适当剪切视频并调整播放速度，然后将其渲染输出。在导出时可将其渲染输出为AVI格式的视频，便于在不同平台中进行播放，参考效果如图9-17所示。

素材位置：素材\第9章\番茄炒蛋视频素材

效果位置：效果\第9章\美食制作视频.avi

高清视频

图9-17　渲染与输出美食制作视频参考效果

## 练习 2　渲染与输出人物视频中的图像

某摄影工作室拍摄了一组人物视频，准备采用视频中的画面来制作封面图，因此需要将选中的画面进行无损输出。在渲染输出时可将JPEG格式的品质设置为最高，以获得最佳的效果，参考效果如图9-18所示。

图9-18　渲染与输出人物视频中的图像参考效果

**素材位置：** 素材\第9章\人物.mp4

**效果位置：** 效果\第9章\人物_00053.jpg

第 **10** 章 综合案例

本章将综合运用前文所讲述的AE中的各项功能来完成4个商业案例的制作，包括特效、节目包装、广告和宣传片的制作，帮助读者进一步巩固所学的知识，并提升熟练使用AE进行影视后期合成的能力，积累影视后期合成的实战经验。

📖 学习目标
   ◎ 熟练掌握AE的各项功能和操作方法
   ◎ 掌握使用AE制作不同领域商业案例的方法

✧ 素养目标
   ◎ 提高对AE各功能的综合运用能力
   ◎ 探索传统文化与AE影视后期合成的结合

◈ 案例展示

传统文化节目包装　　　　　护肤品活动广告　　　　　公益宣传片

# 特效制作——为影视剧制作烟花特效

## 10.1.1 案例背景

　　烟花常用于盛大的典礼或表演当中，其绚烂多彩的视觉效果可以营造出喜庆、热烈的氛围。由于拍摄条件有限，某影视剧中的烟花典礼未能拍摄成功，因此需要后期制作烟花特效。要求烟花的数量为3～5个，并具备不同的色彩和大小。

## 10.1.2 制作思路

　　为更好地完成本案例的制作，在制作时可从以下3方面进行构思与设计。

　　（1）烟花特效可使用"CC Particle World"（粒子世界）效果来进行制作，通过调整该效果中的"Birth Rate"（出生率）、"Longevity（sec）"（寿命）、"Gravity"（重力）等属性来模拟真实的烟花效果。

　　（2）为增强烟花的明亮度，可考虑为其应用"外发光"图层样式；另外，还可为图层添加"球面化"效果，使其更加逼真。

高清视频

　　（3）为了达到要求的烟花数量，可复制多个烟花，分别调整为不同的大小和颜色，然后将它们分布在画面中，并调整播放时间，使烟花的燃放效果具有一定的层次感。

　　本案例的参考效果如图10-1所示。

**图10-1　为影视剧制作烟花特效参考效果**

素材位置：素材\第10章\夜晚.mp4

效果位置：效果\第10章\为影视剧制作烟花特效.aep

## 10.1.3 操作步骤

### 1. 制作烟花特效

**步骤 01**　新建项目文件，以及名称为"烟花"、大小为"1280像素×720像素"、持续时间为"0:00:08:00"的合成文件。在"时间轴"面板中单击鼠标右键，在弹出的快捷菜单中选择【新建】/【纯色】命令，打开"纯色设置"对话框，设置颜色为"黑色"，单击 确定 按钮创建一个纯黑色背景，以便于观察烟花效果。

视频教学：
**为影视剧制作烟花特效**

**步骤 02** 新建一个黑色的纯色图层，并将其重命名为"烟花1"，选择【效果】/【模拟】/【CC Particle World】命令，然后选择【窗口】/【效果控件】命令，打开"效果控件"面板，在其中设置 Longevity（sec）为"0.5"，展开"Physics"（物理性质）栏，设置Velocity（速度）为"0.5"、Gravity为"0.1"，如图10-2所示。

**步骤 03** 展开"Particle"（粒子）栏，设置Birth Color（出生颜色）为"#F6FF00"、Death Color（死亡颜色）为"#C82828"。

**步骤 04** 分别将时间指示器移至0:00:00:03和0:00:00:16处，添加Birth Rate属性的关键帧，再将时间指示器移至0:00:00:12处，设置Birth Rate为"0.2"，制作出烟花炸开的效果。

**步骤 05** 选择"烟花1"图层，选择【效果】/【扭曲】/【球面化】命令，在"效果控件"面板中设置半径为"424"，再单击球面中心属性右侧的 按钮，然后在烟花的中心位置单击以确定球面中心。

**步骤 06** 为"烟花1"图层添加"外发光"图层样式，并设置不透明度为"60%"、颜色为"#FFFFBE"、扩展为"4%"、大小为"15"，烟花效果如图10-3所示。

图10-2 设置参数

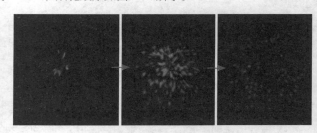

图10-3 烟花效果

**步骤 07** 选择"烟花1"图层，按3次【Ctrl+D】组合键复制图层，然后分别调整烟花的大小、Birth Color属性、Death Color属性及"外发光"图层样式的颜色参数，让烟花的色彩更加绚烂，效果如图10-4所示。

图10-4 复制与调整烟花特效后的效果

2. 添加到视频中

**步骤 01** 导入"夜晚.mp4"素材，并基于该素材创建新合成，将制作好的烟花特效移至该合成中的最上方，并适当调整大小及关键帧位置，使烟花逐一进行展示，最终效果如图10-5所示。

图10-5 烟花特效最终效果

**步骤 02** 按【Ctrl+S】组合键保存文件，并设置名称为"为影视剧制作烟花特效"。

# 10.2 节目包装——制作传统文化节目包装

## 10.2.1 案例背景

中华优秀传统文化是我国最深厚的文化软实力，也是中国特色社会主义扎根的文化沃土。为弘扬传统文化，让更多人学习并传承中华优秀传统文化，某电视台策划了一档以"传统文化"为主题的节目，针对不同的传统文化进行讲解宣传。节目第一期将以"琴棋书画"为主要宣传内容，因此需要为其设计制作相关的节目包装，要求视频时长为36秒左右。

> **设计素养**
>
> 传统文化是文明演化并汇集而成的一种反映民族特质和风貌的文化，是各民族思想文化、观念形态的总体表现。我国的传统文化有琴、棋、书、画、灯谜、歇后语、二十四节气、传统节日等，其形式多样、内容丰富，蕴含着厚重的历史与人文情怀。

## 10.2.2 制作思路

为更好地完成本案例的制作，在制作时可从以下4个方面进行构思与设计。

（1）在制作该节目包装的片头时，为契合节目"传统文化"的主题，可采用具有传统色彩的水墨晕染视频作为开头，然后显示出具有水墨风格的背景及该期节目的标题"传统文化之琴棋书画"。为丰富视觉表现力，可分别为"传统文化之"和"琴棋书画"文字制作不同的动态效果，并着重突出"琴棋书画"文字，使观众对该期节目的主要内容有更深的印象。

（2）在内容设计中，可分别介绍"琴""棋""书""画"的含义，并搭配相应的图像作为辅助展示，在画面中还可添加毛笔笔触的图像作为装饰。

（3）在字体的选择上，可选用具有古韵气息的书法字体，如方正黄草简体；也可为其他文字选用造型秀美、舒适醒目的字体，如方正清刻本悦宋简体。

高清视频

（4）可为该节目包装添加具有中国风的背景音乐，并为其添加淡入淡出效果，使其与视频画面更加匹配。

本案例的参考效果如图10-6所示。

**图10-6 制作传统文化节目包装参考效果（一）**

图 10-6　制作传统文化节目包装参考效果（一）（续）

素材位置：素材\第10章\传统文化节目包装素材

效果位置：效果\第10章\传统文化节目包装.aep

## 10.2.3　操作步骤

### 1. 片头设计

视频教学：
制作传统文化
节目包装

步骤 **01** 新建项目文件，以及名称为"传统文化节目包装"、大小为"1280像素×720像素"、持续时间为"0:00:36:00"的合成文件。

步骤 **02** 导入"传统文化节目包装素材"文件夹中的视频、图像和音乐素材，将"水墨1.mp4""水墨背景.jpg"素材拖曳至"时间轴"面板中，适当调整素材大小，然后将"水墨1.mp4"素材置于顶层并关闭该图层的音频。

步骤 **03** 将"水墨1.mp4"图层的持续时间设置为"0:00:04:00"，然后按【T】键显示不透明度属性，分别在0:00:03:00和0:00:03:24处添加值为"100%""0%"的关键帧。

步骤 **04** 使用"横排文字工具"T在画面左上角输入"传统文化之"文字，设置字体为"方正黄草简体"、填充颜色为"#000000"、字体大小为"100像素"。再在画面中间输入"琴棋书画"文字，修改字体大小为"220像素"、字符间距为"-100"。

步骤 **05** 选择"传统文化之"文本图层，使用"矩形工具"▢在其上方绘制一个比文字大的矩形蒙版，然后在0:00:04:00处添加蒙版路径属性的关键帧，再将时间指示器移至0:00:03:12处，使用"选取工具"▶将蒙版路径右侧的两个锚点向左拖曳直至文字消失不见，制作文字从左至右逐渐显示的效果。

步骤 **06** 将时间指示器移至0:00:04:00处，选择【窗口】/【效果和预设】命令，打开"效果和预设"面板，依次展开"*动画预设""Text""Animate In"文件夹，然后将"平滑移入"动画预设拖曳至"琴棋书画"图层上，再按【U】键显示所有关键帧，框选所有关键帧，在按住【Alt】键的同时将最右侧的关键帧拖曳至0:00:05:00处，以收缩关键帧。片头文字的效果如图10-7所示。

步骤 **07** 选择所有图层，按【Ctrl+Shift+C】组合键打开"预合成"对话框，设置新合成名称为"片头"，选中"将所有属性移动到新合成"单选项，然后单击 确定 按钮。

图10-7　片头文字的效果

## 2. 内容设计

**步骤 01**　复制"片头"预合成中的"水墨背景.jpg"图层到"传统文化节目包装"合成的顶层，然后将"水墨2.mp4"素材拖曳至"水墨背景.jpg"图层上方，再拖曳这两个图层的图层入点至0:00:06:00处。在"水墨背景.jpg"图层"轨道遮罩"栏中的"无"下拉列表框中选择"亮度反转遮罩'水墨2.mp4'"选项，使"水墨背景.jpg"图层按水墨晕染的效果逐渐显示，效果如图10-8所示。

图10-8　按水墨晕染的效果逐渐显示

**步骤 02**　将"毛笔笔触.png""古琴.jpg"素材拖曳至"时间轴"面板中，缩放均设置为"60，60%"，然后使用"横排文字工具"T在毛笔笔触图像中输入"琴"文字，再适当调整文字大小，如图10-9所示。

**步骤 03**　使用"横排文字工具"T在画面右侧绘制一个文本框，然后输入"琴棋书画.txt"素材中关于琴的介绍文字，设置字体为"方正清刻本悦宋简体"、字体大小为"36像素"、行距为"50像素"、字符间距为"-20"，效果如图10-10所示。拖曳"毛笔笔触.png""古琴.jpg"图层和文本图层的图层入点至0:00:06:00处。

图10-9　添加素材

图10-10　输入段落文字

**步骤 04**　选择"毛笔笔触.png"图层，选择【效果】/【过渡】/【径向擦除】命令，在"效果控件"面板中设置起始角度为"0x+10°"，然后分别在0:00:08:00和0:00:08:13处添加过渡属性为"100%""0%"的关键帧。

**步骤 05**　选择"琴"文本图层，按【T】键显示不透明度属性，分别在0:00:08:13和0:00:09:00处添加值为"0%""100%"的关键帧。

**步骤 06** 选择"古琴.jpg"图层，使用"矩形工具"■在其上方绘制一个矩形蒙版，然后在0:00:09:00处添加蒙版路径属性的关键帧，再将时间指示器移至0:00:08:13处，使用"选取工具"▶将蒙版路径下方的两个锚点向上拖曳，制作图像从上至下逐渐显示的效果。

**步骤 07** 将时间指示器移至0:00:09:00处，拖曳"效果和预设"面板中的"淡化上升线"动画预设至右侧的段落文字上方，然后将关键帧收缩至0:00:11:00。选择琴相关图层，将其预合成名称为"琴"的预合成图层，动态效果如图10-11所示。

图10-11 动态效果

**步骤 08** 在"项目"面板中选择3次"琴"预合成，按【Ctrl+C】组合键复制，再按【Ctrl+V】组合键粘贴3次，分别修改预合成名称为"棋""书""画"，然后打开"棋"预合成，选择"古琴.jpg"图层，然后在"项目"面板中选择"围棋.jpg"素材，在按住【Alt】键的同时将其拖曳至"古琴.jpg"图层上方，以替换该图层。

**步骤 09** 将画面左上角的"琴"文字修改为"棋"文字，再将右侧的介绍文字修改为"琴棋书画.txt"素材中关于棋的介绍文字。

**步骤 10** 使用与步骤8和步骤9相同的方法将"书""画"预合成中的图像和文本图层修改为对应的内容，此时，"棋""书""画"预合成的效果如图10-12所示。

图10-12 "棋""书""画"预合成的效果

**步骤 11** 切换到"传统文化节目包装"合成，分别将"棋""书""画"预合成拖曳至"时间轴"面板中，并分别调整图层入点至0:00:06:00、0:00:12:00处和0:00:18:00处，如图10-13所示。

图10-13 调整图层入点

### 3. 片尾设计

**步骤 01** 复制"琴"预合成中的"水墨背景.jpg""水墨2.mp4"图层到"传统文化节目包装"合成中，并设置两个图层入点为"0:00:30:00"。

**步骤 02** 使用"横排文字工具" T 在画面中间输入"琴为逸，棋为静，书为雅，画为神。琴棋书画，是闲情逸致，更是修身养性。"文字。将时间指示器移至0:00:32:00处，然后拖曳"效果和预设"面板中的"淡化上升线"动画预设至该文字上方，片尾效果如图10-14所示。

**图 10-14　片尾效果**

#### 4. 导入音频并保存文件

**步骤 01** 将"中国风背景音乐.mp3"素材拖曳至"时间轴"面板中，分别在0:00:02:00处和0:00:34:00处为音频电平属性添加值为"+0"的关键帧，在0:00:00:00处和0:00:35:24处添加值为"-20"的关键帧，制作淡入淡出的效果。

**步骤 02** 按【Ctrl+S】组合键保存文件，并设置名称为"传统文化节目包装"。

# 广告设计——制作护肤品活动广告

## 10.3.1　案例背景

颜青品牌新推出一套护肤品套装，为扩大宣传的覆盖面，提升宣传效果，提高销售量，准备为其制作一个活动广告，并将其投放到各大电视台中进行播放。要求画面的整体配色与护肤品的色彩相互衬托，并展示出护肤品的优点及活动价格，可添加一些与水相关的元素作为装饰，让广告整体更具氛围感，视频时长为10秒左右。

## 10.3.2　制作思路

为更好地完成本案例的制作，在制作时可从以下3方面进行构思与设计。

（1）在选择色彩时，可选用与护肤品包装的蓝色相近的颜色，因此需要根据实际情况对背景图像进行相应的调色处理，使护肤品能够在画面中更加突出。

（2）在制作产品出现和优势展示的动态效果时，可考虑在产品出现时添加冲击波的效果，在第一时间抓住观众的视线；另外，为增强视觉表现力，在护肤品的下方可添加水波纹的动态效果；在护肤品周围采用多个气泡包含文字的形态来展示产品优势，让观众自然而然地将水与该护肤品"补水"的特点关联起来。

（3）在最后的活动展示处，可为价格文字的背景填充与蓝色对比较大的红色，使

高清视频

其在画面中较为醒目，还可为其制作放大的动态效果，让观众能够快速注意到优惠价格。

本案例的参考效果如图10-15所示。

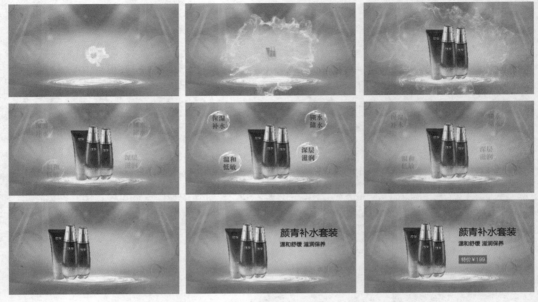

图10-15  制作护肤品活动广告参考效果

素材位置：素材\第10章\护肤品活动广告素材

效果位置：效果\第10章\护肤品活动广告.aep

## 10.3.3  操作步骤

### 1. 背景调色

视频教学：
制作护肤品活动
广告

**步骤 01** 新建项目文件，以及名称为"护肤品活动广告"、大小为"1280像素×720像素"、持续时间为"0:00:10:00"的合成文件。

**步骤 02** 导入"护肤品活动广告素材"文件夹中的所有素材，将"背景.jpg"素材拖曳至"时间轴"面板中，适当调整素材大小。选择【效果】/【颜色校正】/【色相/饱和度】命令，然后选择【窗口】/【效果控件】命令，打开"效果控件"面板，在其中设置主饱和度为"40"。

**步骤 03** 选择【效果】/【颜色校正】/【曲线】命令，在"效果控件"面板中的曲线右上方和左下方分别单击创建锚点，并适当拖曳控制点调整曲线，如图10-16所示，背景图调色前后效果对比如图10-17所示。

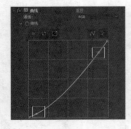  

图10-16  调整"曲线"参数                图10-17  调色前后效果对比

### 2. 制作产品出现动效

**步骤 01** 将"水波纹.mp4"素材拖曳至"时间轴"面板中，设置该图层的混合模式为"相加"，然后单击▣图标下的▣图标，将其转换为三维图层，将该图层在*x*轴方向上适当旋转，使其在画面中具有立体感，如图10-18所示。

**步骤 02** 将"护肤品.png"素材拖曳至"时间轴"面板中，适当调整素材大小，将其放置在水波纹上方，然后选择【效果】/【抠像】/【Keylight（1.2）】命令，在"效果控件"面板中单击Screen Colour右侧的"吸管工具"按钮▣，然后在"合成"面板中护肤品周围的绿色处单击进行取样，图10-19所示为抠取护肤品前后效果对比。

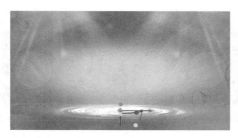

图 10-18 旋转素材 　　　　　　　　图 10-19 抠取护肤品前后效果对比

**步骤 03** 选择"护肤品.png"图层，按【S】键显示缩放属性，然后分别在0:00:01:00和0:00:02:00处添加值为"0，0%"和"100，100%"的关键帧，制作放大的动态效果。再分别在0:00:01:00和0:00:02:00处添加不透明度为"0%"和"100%"的关键帧。

**步骤 04** 将"冲击波.mov"素材拖曳至"时间轴"面板中"护肤品.png"图层的下方，并设置该图层的混合模式为"屏幕"，然后适当将其放大，此时的产品出现效果如图10-20所示。

图 10-20 产品出现效果

### 3. 制作产品优势展示动效

**步骤 01** 将"气泡.mov"素材拖曳至"时间轴"面板中，并适当调整大小，然后按3次【Ctrl+D】键复制图层，并分别将其分散在护肤品周围。然后设置这4个图层的混合模式为"屏幕"，并调整其入点和持续时间，前后效果对比如图10-21所示。

图 10-21 前后效果对比

**步骤 02** 选择4个气泡所在的图层，先按【P】键显示位置属性，在0:00:04:00处添加关键帧，然后将时间指示器移至0:00:03:00处，将气泡向下移动一定的距离，制作上升的动态效果。

**步骤 03** 使用"横排文字工具" ▯在4个气泡中分别输入"保湿补水""锁水储水""温和低敏""深层滋润"文字，设置字体为"方正大标宋简体"、填充颜色为"#046DD7"、字体大小为"50像素"。将气泡设置为对应文字的父级图层，使文字跟随气泡进行移动。

**步骤 04** 选择气泡及上方文字所在的所有图层，按【T】键显示不透明度属性，然后分别在0:00:03:00和0:00:06:23处添加值为"0%"的关键帧，在0:00:03:22和0:00:05:24处添加值为"100%"的关键帧，再将文本图层的前两个关键帧向后移动5帧的位置，如图10-22所示，此时的产品优势展示效果如图10-23所示。

图10-22　调整文本图层关键帧的位置

图10-23　产品优势展示效果

### 4. 制作活动展示效果

**步骤 01** 选择"护肤品.png"图层，按【P】键显示位置属性，在0:00:06:23处添加关键帧，然后将时间指示器移至0:00:08:00处，将产品向左移动一定的距离，制作产品从右至左的移动效果。

**步骤 02** 使用"横排文字工具" ▯在右侧输入"颜青补水套装""温和舒缓 滋润保养"文字，设置字体为"方正兰亭圆_GBK_纤"、填充颜色为"#0000000"、字体大小分别为"70像素""40像素"。

**步骤 03** 使用"矩形工具" ▯在文字下方绘制一个填充颜色为"#FF6161"的矩形作为价格文字的背景，然后使用"横排文字工具" ▯在矩形中输入"特价¥199"文字，设置字体大小为"36像素"，并设置形状图层为文本图层的父级图层。

**步骤 04** 使用"向后平移（锚点）工具" ▯分别将形状图层的锚点移至矩形的中心，然后按【S】键显示缩放属性，分别在0:00:09:00和0:00:09:16处添加值为"0，0%""100，100%"的关键帧，再将时间指示器移至0:00:09:08处，设置缩放为"130，130%"，制作先放大再缩小的动态效果。

**步骤 05** 将步骤2和步骤3创建的图层预合成为"文字"预合成图层，选择该预合成图层，然后使用"矩形工具" ▯绘制一个比该预合成图层略大的矩形蒙版，按【M】键显示蒙版路径属性，在0:00:09:00处添加关键帧，然后将时间指示器移至0:00:08:00处，使用"选取工具" ▯将蒙版路径下方的两个锚点向上拖曳直至文字消失不见，制作文字从上至下逐渐显示的效果，如图10-24所示。

**步骤 06** 按【Ctrl+S】组合键保存文件，并设置名称为"护肤品活动广告"。

图 10-24 文字效果

# 10.4 宣传片制作——制作公益宣传片

## 10.4.1 案例背景

天干物燥的秋季历来是森林、草原地区火灾易发、多发期，是防火的重点时期。为进一步提高大众的森林防火意识和法治观念，某公益组织准备制作一个与防火相关的公益宣传片，增强大众的安全防范意识。要求整个公益宣传片以提供的实景拍摄视频素材作为主要画面，再配以直观的文字来传递宣传片的主题，视频时长为20秒左右。

## 10.4.2 制作思路

为更好地完成本案例的制作，在制作时可从以下4个方面进行构思与设计。

（1）分析所提供的视频素材，可根据不同视频素材的内容适当调整其播放速度，然后为各个素材添加过渡效果，使画面之间的切换更加自然。

（2）在制作宣传片的内容时，可先对画面内容进行调色优化，如"绿色.mp4"素材的色彩较为黯淡，可增强饱和度，并适当调整明暗度；还可为"家园.mp4"素材添加暖色调的滤镜，使大众更能感受到家园温暖的氛围。

高清视频

（3）在文案的设计中，需要文案简明易懂，根据画面内容进行描述，体现出较强的说服力和感染力，激发大众的思想共鸣。

（4）在片尾字体的设计上，为增强文字对大众的视觉冲击感，可选用较为正式、规整的字体，如方正正大黑简体，然后为文字添加"内阴影"和"渐变叠加"图层样式加强视觉表现力。

本案例的参考效果如图10-25所示。

图 10-25 制作公益宣传片参考效果（一）

**图10-25 制作公益宣传片参考效果（一）（续）**

素材位置：素材\第10章\公益宣传片素材
效果位置：效果\第10章\公益宣传片.aep

## 10.4.3 操作步骤

**1. 视频剪辑**

视频教学：
制作公益宣传片

**步骤 01** 新建项目文件，以及名称为"公益宣传片"、大小为"1280像素×720像素"、持续时间为"0:00:20:00"的合成。

**步骤 02** 导入"公益宣传片素材"文件夹中的"火1.mp4"素材，并将该素材拖曳至"时间轴"面板中，设置伸缩为"60%"，将时间指示器移至0:00:04:00处，然后按【Ctrl+Shift+D】组合键拆分图层，再删除上方图层。

**步骤 03** 导入文件夹内剩余的其他视频素材，使用与步骤2相同的方法调整其他图层的入点、出点、持续时间和伸缩，并在相应的位置拆分图层，如图10-26所示。

**图10-26 调整其他图层**

**步骤 04** 选择"火1.mp4"图层，选择【效果】/【过渡】/【百叶窗】命令，选择【窗口】/【效果控件】命令，打开"效果控件"面板，分别在0:00:03:00和0:00:03:24处为过渡完成属性添加值为"0%"和"100%"的关键帧。

**步骤 05** 在"效果控件"面板中选择"百叶窗"效果，按【Ctrl+C】组合键复制，然后选择"火2.mp4"图层，将时间指示器移至0:00:06:00处，在"效果控件"面板中按【Ctrl+V】组合键粘贴。重复在"森林.mp4""绿色.mp4"图层播放到第3秒处粘贴该效果，百叶窗效果如图10-27所示。

**步骤 06** 选择"家园.mp4"图层，选择【效果】/【过渡】/【径向擦除】命令，在"效果控件"面板中单击擦除中心属性右侧的█按钮，在画面中的太阳处单击确定擦除中心，再分别在0:00:15:00

和0:00:15:24处为过渡完成属性添加值为"0%"和"100%"的关键帧，效果如图10-28所示。

图10-27　百叶窗效果

图10-28　径向擦除效果

### 2. 调色视频

**步骤 01** 选择"绿色.mp4"图层，选择【效果】/【颜色校正】/【色相/饱和度】命令，在"效果控件"面板中适当增加主饱和度和主亮度。

**步骤 02** 选择"绿色.mp4"图层，选择【效果】/【颜色校正】/【色阶】命令，在"效果控件"面板中调整色阶，如图10-29所示，调色前后效果对比如图10-30所示。

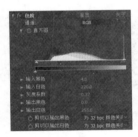

图10-29　调整色阶

图10-30　调色前后效果对比

**步骤 03** 选择"家园.mp4"图层，选择【效果】/【颜色校正】/【照片滤镜】命令，在"效果控件"面板中设置滤镜为"暖色滤镜（85）"、密度为"20%"，添加照片滤镜前后效果对比如图10-31所示。

图10-31　添加照片滤镜前后效果对比

### 3. 添加字幕

**步骤 01** 将时间指示器移至0:00:00:00处，使用"横排文字工具"T在画面下方输入"火，可以带来温暖"文字，设置字体为"方正兰亭中黑简体"、填充颜色为"#FFFFFF"、字体大小为"50像素"。然后为其应用"投影"图层样式，设置距离为"5"、扩展为"4%"、大小为"10"。再拖曳图层出点至0:00:04:00处。

**步骤 02** 选择【窗口】/【效果和预设】命令打开"效果和预设"面板，在其中依次展开"动画预设""Text""Animate In"文件夹，然后拖曳"淡化上升字符"动画预设至文本图层上方，再分别在0:00:03:05和0:00:03:12处添加不透明度为"100%"和"0%"的关键帧，文字变化效果如图10-32所示。

图10-32　文字变化效果

**步骤 03** 选择文本图层，按4次【Ctrl+D】组合键复制，然后分别修改文字为"同样也会带来灾难""守好一片林""珍惜一片绿""爱护我们的家园"。再适当调整这些文本图层的持续时间、对应关键帧的位置，使其与对应的视频内容相匹配，如图10-33所示，文字效果如图10-34所示。

图10-33　调整文本图层

图10-34　添加字幕效果

### 4. 片尾设计

**步骤 01** 使用"横排文字工具"T在画面中间输入"严防森林火灾 保护绿色家园"文字，保持文本填充颜色不变，设置字体为"方正正大黑简体"、字体大小为"120像素"、行距为"150像素"、字符间距为"50"。

**步骤 02** 为步骤1创建的文本图层应用"内阴影"图层样式，设置距离为"6"、阻塞为"4%"、大小为"6"。再为其应用"渐变叠加"图层样式，设置渐变角度为"0x+52°"、渐变颜色为"#64B52A ~ #2D6405"，如图10-35所示。

**步骤 03** 选择步骤1创建的文本图层，使用"向后平移（锚点）工具"将该图层的锚点移至文字中心，然后为该图层在0:00:17:00和0:00:18:00处创建缩放属性为"0，0%"和"100，100%"的关键帧，制作放大的动态效果。

图10-35 为文本图层设置渐变

**步骤 04** 按【Ctrl+S】组合键保存文件，并设置名称为"公益宣传片"。

# 10.5 课后练习

**练习 1** 制作三维特效片头

某频道策划了一期以"幻彩世界"为主题的节目，现需为其设计一个具有三维视觉效果的片头。要求采用绚丽、明亮的主色调，具有较强的视觉冲击力和感染力，能够吸引观众的注意力，并在最后添加"欢迎来到 幻彩世界"文字来引入节目，参考效果如图10-36所示。

高清视频

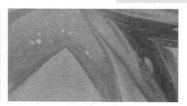

图10-36 制作三维特效片头参考效果

素材位置：素材\第10章\幻彩背景.jpg

效果位置：效果\第10章\三维特效片头.aep

练习 2 制作综艺节目包装

高清视频

　　《美食小当家》是一档集美食、旅游于一体的综艺节目，该节目每一季都会分享不同地区的美食、美景，推广当地的传统美食。由于本季是在海岛录制，因此需要制作一个与海岛相关的节目包装。要求节目包装体现出该综艺的看点和风格，同时营造出温暖、轻松的氛围，且整体画面具有感染力，视频时长为15秒左右，参考效果如图10-37所示。

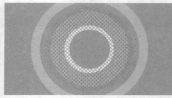

图10-37　制作综艺节目包装参考效果

素材位置：素材\第10章\综艺节目包装素材
效果位置：效果\第10章\综艺节目包装.aep

练习 3 制作牛奶宣传广告

高清视频

　　安心牛奶品牌方为扩大宣传，准备制作一个牛奶宣传广告，并将其投放到各大平台中。要求宣传广告结合所提供的视频素材，通过产地、口感等文字描述来突出产品优势，使其能够吸引消费者，并在广告最后展示出品牌的理念，视频时长为15秒左右，参考效果如图10-38所示。

图10-38　制作牛奶宣传广告参考效果

素材位置：素材\第10章\牛奶宣传广告素材
效果位置：效果\第10章\牛奶宣传广告.aep

**练习 4 制作城市形象宣传片**

为提升城市的品位和影响力，并吸引投资者的目光，促进本地经济的发展，某市宣传部门准备制作一个形象宣传片。要求利用所提供的素材，从衣、食、住、行这4个角度对城市进行宣传说明，并为其设计具有视觉冲击力的片头效果，视频时长为26秒左右，参考效果如图10-39所示。

高清视频

　　　　　　　🖊 **设计素养**

　　城市形象宣传片就是利用制作电视、电影的表现手法对城市形象的定位和所触及的城市特色形象进行有重点、有针对性、有秩序地创意设计得到的广告宣传片。它是当今城市面向外界推广、介绍本地优势的主要途径之一，是城市景色与人文的浓缩，通过"声情并茂"的影像宣传，更能使整个城市具有感染力和吸引力。

**图10-39　制作城市形象宣传片参考效果**

素材位置：素材\第10章\城市形象宣传片素材
效果位置：效果\第10章\城市形象宣传片.aep

拓展
案例

▶ 特效制作

高清视频

高清视频

高清视频

高清视频

▶ 节目包装

高清视频

高清视频

高清视频

高清视频

▶ 广告设计

高清视频

高清视频

高清视频

高清视频

▶ 宣传片制作

高清视频

高清视频

高清视频

高清视频